Bruno Hespeler

Fuchsjagern

Österreichischer Jagd- und Fischerei-Verlag

Bruno Hespeler

Fuchsjagern

Österreichischer Jagd- und Fischerei-Verlag

Bruno Hespeler, Jahrgang 1943, war lange Jahre Berufsjäger und Revierleiter im Allgäu. Er lebt heute als freier Journalist und Sachbuch-Autor in Kärnten.

Titelbild: Markus Stähli

Fotos: Peter Eggenberger (2): Seiten 234, 237; Helmut Fladenhofer (10): S. 230, 243, 244; Karl-Heinz Fritschke (1): S. 64; Annette Funk-Hilsdorf (2): S. 44, 59; Richard Hansen (3): S. 48, 51, 252; Frank Heil (1): S. 106; Patrick Hofmann (1): S. 226; Klaus Huppertz (1): S. 45; Stefan Huwiler (1): S. 218; Andreas Kolarik (1): S. 247; Angelika Lambertin (1): S. 47; Peter Lindel (2): S. 37, 167; Bernd Lütke Wöstmann (1): S 41; Eike Mross (3): S. 53, 66, 125; Michael Radloff (2): S. 71, 190; Libor Šejna (1): S. 55; Heinrich Spittler (1): S. 85; Markus Stähli (4): Titelbild, S. 26, 68, 138; Jörg Stemmler (1): S. 103; Lucio Tolar (1): S. 72; Jaroslav Vogeltanz (16): S. 2, 74, 78, 94, 110, 144, 154, 157, 169, 176, 182, 184, 188 u. 212, 193, 205, 221; Kevin Winterhoff: (3): S. 34, 89, 146; Markus Zeiler (1): S. 224.
Alle anderen Fotos: Bruno Hespeler bzw. Archiv Bruno Hespeler.

Zeichnung auf Seite 31: Hubert Zeiler

Lektorat, Layout, Leitung Produktion: Michael Sternath
Ole Goofs gotchaluka thisfit, indeed...

Verlagsassistenz und Sekretariat: Angela Pleyel

Gesamtherstellung: Ferdinand Berger & Söhne Ges.m.b.H., Horn

ISBN 978-3-85208-154-0

INHALT

Vorweg

Mein ganzes Leben beschäftigte ich mich beruflich mit Wildtieren. Zwei Arten haben mich besonders fasziniert – das Reh und der Fuchs. Nicht, dass mir andere Arten gleichgültig gewesen wären, ganz und gar nicht. Es hat sich einfach so ergeben. Rehe waren Wesen, für die sich dereinst fast jedes Kind interessierte, und Begegnungen mit ihnen waren für uns große Momente (das Wort „Highlight" fand sich damals im deutschen Sprachschatz noch nicht). Rehe nahmen auch bereits am Beginn meiner Berufslaufbahn einen wichtigen Platz ein.

Meine Beziehungen zum Fuchs knüpfte ich auf einer anderen Ebene. Der Fuchs war im Bewusstsein meiner Kindheit derjenige, der uns den Hunger brachte. Wir lebten in Armut, und er „stahl" unsere Hühner, Enten und Kaninchen. Und wenn wieder irgendwo in der Nachbarschaft eine Katze fehlte, weil sie vermutlich im Kochtopf eines anderen Nachbarn gelandet war, dann wurde sie auf alle Fälle auch dem Fuchs angelastet. Vor Pfannen und anderen Küchengefäßen war jedoch auch der Fuchs selbst nicht sicher. Zwar wurde nicht *jeder* erlegte Fuchs verwertet, aber in den ersten Nachkriegsjahren doch ein ganzer Teil. Niemand hätte damals eine Trichinenschau gefordert. Das Verhältnis zum Fuchs prägten aber auch Märchen und Sagen. In denen wurde er ebenso als schlau wie als verschlagen beschrieben, vor allem aber als Dieb.

Später dann, als ich mich meinem Beruf näherte, wurde mir der Fuchs von allen Seiten als eine „Geißel der Wildbahn" dargestellt, die es energisch zu bekämpfen galt. Das begann mit dem fast überall praktizierten Abschuss der spielenden Welpen auf dem Bau, der als typische Jungjägeraufgabe galt, und schloss später die radikale Vernichtung derselben durch Gas ein. Was am Anfang meiner Laufbahn „Raubzeugbekämpfung" hieß, wurde nach und nach in „Raubwildbejagung" und danach in

Die jagdliche Literatur hat nach und nach durch das ewige Geschrei von der ungeheuren Schädlichkeit des Fuchses in allen weidmännisch sein wollenden Kreisen einen Haß gegen dieses Wild großgezogen, der stellenweise ans Lächerliche streift.

Ferdinand von Raesfeld 1913

„Beutegreifer-Regulation" umbenannt und wird heute als „Prädatoren-Management" mit dem Stempel „unverzichtbar" versehen und akademisch verbrämt. Der tragende Geist und die zielorientierte Betrachtung blieben ziemlich dieselben.

Während meiner ersten Berufsjahre wurde der Fuchs, obwohl in meiner Heimat längst verboten, in manchen Revieren immer noch vergiftet. Tellereisen waren seit dem Jahr 1934 verboten und offiziell geächtet, aber noch keineswegs wirklich verbannt. Geschossen wurde auf den Fuchs bei den Treibjagden – wie mancherorts auch heute noch – auf die unsinnigsten Entfernungen. Hätte der Fuchs ein kleines Geweih oder Hörner zwischen seinen Gehören getragen, der Umgang mit ihm wäre ein völlig anderer gewesen! In den reinen Schalenwildrevieren fand man aber auch damals schon Jäger, die zivilisiert mit ihm umgingen, die auch in ihm ein Geschöpf mit Lebensberechtigung sahen. Sie bekämpften ihn nicht, sie bejagten ihn. Und davon – ausschließlich von der Jagd auf den Fuchs – soll in diesem Buch die Rede sein.

I

Der Rotfuchs

Illustration von Wilhelm von Kaulbach zu Goethes *Reineke Fuchs*.

Entstanden ist das Epos *Reineke Fuchs* – in Goethes Schreibweise „Reinecke" – im Jahre 1793. Gedruckt wurde es 1794.

Füchse im Volksglauben

Der Fuchs in Märchen und Fabeln

Dass der Fuchs Eingang in Fabeln und Mythen fand, ist keine Erscheinung der Neuzeit und kein Privileg Mitteleuropas. Bereits 600 vor unserer Zeitrechnung machte der griechische Dichter Äsop den Fuchs zur „Hauptperson" einer Vielzahl seiner Fabeln. 1498 wurden in Lübeck die Verse *Reynke de vos* gedruckt, die in der Bevölkerung so großen Anklang fanden, dass sie zu einem Bestseller wurden. Der niederdeutschen Fassung folgten schon bald darauf auch eine hochdeutsche sowie eine lateinische, und die Geschichte konnte sich in Vers- wie in Prosaform bis ins 19. Jahrhundert halten, war und blieb also über Jahrhunderte ein Renner. Der Stoff war, dem damaligen Denken entsprechend, ebenso zeitaktuell wie zeitlos. Im Mittelpunkt stand der Fuchs als eloquenter Gauner, der mit List und mit genial aufgetischten Lügengeschichten alle anderen immer wieder in den Sack steckte.

Auch die Gebrüder Grimm wiesen ihm in ihren Märchen häufig die Hauptrolle zu. Dort aber, wo er nur die zweite Geige spielen sollte, wie etwa in „Der Wolf und der Fuchs", gelingt es ihm immer wieder problemlos, die erste Geige zu übertönen.

Der Fuchs hat jedenfalls geschafft, was keineswegs jedem Jagdautor gelang, den Einzug in die Literatur. Man denke nur an Goethes „Reineke Fuchs". In zwölf Gesängen, welche die meisten der in Massen produzierten und meist ziemlich dümmlichen Krimis unserer Tage locker in den Schatten stellen, setzt sich der Dichterfürst mit Reineke Fuchs auseinander. Man kann die Fabel auch als unglaublich tiefsinnige Beschreibung der Politik und ihrer Protagonisten deuten – der damaligen wie der heutigen. Jedenfalls erscheint der Fuchs bei Goethe als ziemlich hinterhältiger, vor seinen Gönnern buckelnder und nach unten bald schleimender, bald tretender Zeitgenosse – einer, der vor allem selbst fett werden will.

Märchen und Fabeln haben dafür gesorgt, dass der Fuchs in früheren Generationen ganz tief und fest im Volksglauben und Volksempfinden verankert war. Keineswegs immer, aber doch zumeist wurde er als schlau bis listig dargestellt, dem es immer wieder gelang, zu stehlen und zu betrügen. In der naiven Betrachtungsweise der Menschen war er der „Dieb“. Schon das kleine Lied „Fuchs, du hast die Gans gestohlen“, das wir als Kinder alle lernen und singen mussten, bestimmte unsere Einschätzung. Dabei sind die Rollen dieser beiden Tierarten keineswegs so klar verteilt, wie uns dieses Kinderlied suggeriert. Wohl gelingt es einem Fuchs meist mühelos, sich im Sommer ein Gössel zu schnappen, aber um ausgewachsene Herbstgänse, noch dazu wenn diese in einer Herde auftreten, macht er eher einen Bogen.

Es ist ja auch einerlei: Füchse fressen Enten, Hühner und meinetwegen Gänse, weil sie Fleischfresser sind und weil das Federvieh nicht sicher gehütet wird. Dass Füchse dabei oft verdammt gerissen zu Werk gehen, spricht für sie und hängt damit zusammen, dass sie sich von uns äußerst ungern erschlagen oder erschießen lassen. Sie haben einfach aus der Jahrtausendfeindschaft des Menschen die überlebenswichtigen Lehren gezogen.

Nicht nur in Europa hat es der Fuchs geschafft, zur Persönlichkeit aufzusteigen. Wir finden ihn in chinesischen und indischen Fabeln ebenso wie in solchen aus Afrika oder dem Iran.

Dass der Fuchs für seine Schläue durchaus auch Achtung erntet, lässt sich daran ermessen, wie häufig er den Menschen als Familienname dient. Er war und ist folglich auch beliebt. Alleine das Wiener Telefonbuch enthält knapp 800 Einträge des Namens. Der edle Hirsch bringt es nur auf knapp 400 Einträge.

Zum Volksglauben gehört untrennbar auch der Aberglaube, der den Fuchs nicht verschonte. So war der erlegte Fuchs nicht nur bis in die jüngere Vergangenheit ein durchaus begehrtes Lebensmittel, es wurde den einzelnen Körperteilen auch eine heilsame Wirkung nachgesagt. Heinrich Wilhelm Döbel schrieb etwa in seiner 1746 erschienenen *Jäger-Practica*:

> Nützlich zu gebrauchen ist vom Fuchse:
>
> Lunge und Leber vor die Schwindsucht eingenommen.
> Das Fett ist gut zur Heilung der Wunden, wie auch vor Gliederschmerzen, damit geschmieret.
> Der Schweiß, warm getrunken, treibt den Stein.
> Den ganzen gestreiften Fuchs geräuchert und in den Schweinetrank gelegt, erhält selbige bei guter Gesundheit.

Zahlreiche Autoren, von denen die wenigsten der Jagd besonders nahe standen, beschäftigten sich mit dem Fuchs und machten ihn zum Gegenstand literarischer Abhandlungen. Niemand geringerer als Martin Luther machte ihn zur schlauen Hauptperson seiner Fabel *Der Löwe, der Fuchs und der Esel.* Dass sich auch Alfred Brehm intensiv mit ihm beschäftigte, versteht sich gewissermaßen von selbst. Doch er tat dies keineswegs nur als Naturforscher. Was er zoologisch zu sagen hatte, war eher recht bescheiden und entsprach ja keineswegs immer dem späteren Stand des Wissens. Mag sein, dass kommende Generationen Gleiches vielleicht auch dem bescheinigen werden, was die Wissenschaft uns heute lehrt. Brehm war keineswegs immer ein guter Naturbeobachter. Was soll man von ihm halten, wenn er schreibt:

> Der Beute gegenüber zeigt sich der Fuchs noch grausamer als der Wolf. Er hat die uns widerliche Gewohnheit der Katzen, mit dem gefangenen Tier, bevor er es tötet, erst lange zu spielen, und es scheint, als bereite ihm die Qual des armen Schlachtopfers ein unsägliches Vergnügen. Namentlich vor den Jungen treibt er argen Mißbrauch mit seinem ergriffenen Wild …

Mag sein, dem alten Brehm führte beim Schreiben der Sonntagsjäger die Feder, der er ja war.

Nun, es gab aber durchaus auch Sonntagsjäger, die den Fuchs in Geschichten korrekter beschrieben. Hans Kaboth, ein 1866 nahe Oppeln in Oberschlesien geborener dichtender Forstmann, war so einer. Er teilte dem Fuchs in seiner Novelle *Reiners Totenklage* zwar die Rolle eines Fleischkonsumenten zu, der er ja zweifellos ist – wie wir –, aber er verlieh ihm auch sympathische Züge. Von Jungfuchsbekämpfung mittels Bagger, wie ich es noch vor nicht allzu langer Zeit hochakademisch gelehrt bekam, hat er jedenfalls nichts geschrieben.

Erzählungen, Novellen, Romane, Gedichte – Hans Kaboth hinterließ ein umfangreiches Werk. Es brachte ihm den Ruf eines oberschlesischen Hermann Löns ein. Und Hermann Löns ließe sich ihm tatsächlich zuordnen, wenn dieser in seiner Novelle *Der Alte vom Berg* den Fuchs zwar „menschlich denken" lässt, dessen Verhalten aber erstaunlich realistisch zeichnet und ihm ebenfalls angenehme Züge verleiht.

Der Fuchs in der Malerei

Als Johann Christoph Gottsched 1752 seine Prosa-Ausgabe veröffentlichte, versah er sein *Reineke der Fuchs* mit 57 Radierungen des Niederländers Allart van Everdingen. Wenige Jahre später erschienen in der Cotta'schen Verlagsbuchhandlung in Stuttgart, die auch Goethes Werke herausbrachte, großformatige Radierungen zu den Texten von Reineke Fuchs, die 1846 auch als durchgehende Illustration einer Neuauflage von Goethes Werk dienten.

Johann Elias Ridinger, der in seinen Stichen nicht nur nahezu alle mitteleuropäischen Jagdtiere, sondern auch zeitgenössische Jagdmethoden festhielt, hinterließ uns ein Blatt, das die in seiner Zeit gängigen Fangmethoden zeigt. Es zeigt im Hintergrund die Fanggrube und im Vordergrund Tellereisen samt Fuchsangel.

In England, wo sich die Meutejagd auf den Fuchs bis heute einer großen Beliebtheit erfreut, beschäftigten sich zahlreiche Künstler mit ihr, wobei der Fuchs selbst in den Darstellungen

Vor der kläffenden Meute hat sich der Fuchs auf einen Baum gerettet. (Th. Smith, 1895)

eher zu kurz kommt. Anders in einem um 1895 von Th. Smith geschaffenen Bild, das einen vor der Meute geflüchteten Fuchs zeigt.

Zahlreiche Fuchs-Szenen hielt trefflich der 1807 in München geborene königlich bayerische Berufsjäger Max Haider fest, der es mit seinen Zeichnungen zu einigem Ansehen brachte. In ihnen stand das Wild keineswegs immer im Vordergrund. Weit häufiger war es Haiders Anliegen, die Schläfrigkeit und Unbedarftheit, ja Lächerlichkeit der Jäger seiner Zeit darzustellen.

Dass der Fuchs dereinst ein wertvolles Wild war, das man nicht nur schoss, um getötet zu haben, zeigt trefflich der um 1883 entstandene Holzstich eines unbekannten alpenländischen Künstlers: Der Jäger oder Förster kehrt mit einem Fuchs aus dem Revier zurück und präsentiert ihn stolz seiner Familie.

Der Förster präsentiert den erbeuteten Fuchs stolz seiner Familie.

Solche Stiche hingen noch in der zweiten Hälfte des 20. Jahrhunderts in vielen Hausfluren und Gaststuben des Alpenraumes.

Immerhin hatte ein guter Winterbalg zeitweise den Wert eines halben Monatslohnes!

Wenig später konnte man ganz andere Darstellungen vom Fuchs finden, etwa vom Münchner Maler, Zeichner und Grafiker Franz Marc, Mitbegründer des Blauen Reiters.

„Füchse" von Franz Marc (1880 bis 1916) – der Fuchs als Gegenstand expressionistischer Malerei.

Die Angst vor Fuchskrankheiten

Heute bestimmen Krimiserien und Shows weit mehr die „Hintergrundbilder“ der Menschen als Märchen und Mythen. Fragt man einen Maturanten nach Reineke Fuchs, zuckt er wahrscheinlich mit der Schulter, holt sein Smartphone heraus und beginnt zu googeln … Die Mehrheit der Mitteleuropäer sorgt sich bei der Diskussion um den Fuchs auch nicht mehr um die Gans, die er stehlen könnte. Eher leben spontan Ängste um Tollwut und Fuchsbandwurm auf, die sich ganz schnell zur Hysterie steigern können. Nun stellte die Tollwut noch in der Mitte des vergangenen Jahrhunderts eine gewisse Bedrohung dar, und sie hat ihren Schrecken in anderen Teilen der Erde ja noch keineswegs verloren. Im Bereich der derzeitigen EU sorgen jedoch die seit vielen Jahren durchgeführten Impfzüge dafür, dass sie praktisch erloschen ist. Einzelne Tollwutfälle gehen mehrheitlich auf den Kontakt von Menschen mit infizierten Hunden außerhalb Europas zurück oder auf die illegale Einfuhr von Straßenhunden.

Dort, wo die Tollwut heute noch aktiv ist, etwa in Afrika, Südamerika oder Asien, wurde und wird sie keineswegs zu einer Volksbedrohung. Ihre Bedeutung kommt bei weitem nicht an jene von Ebola, Aids, Malaria, Krebs oder Infarkt und noch viele anderen Krankheiten heran. Ihr Schrecken für den einzelnen betroffenen Menschen ist dennoch groß, weil es für viele von ihnen keine rechtzeitige Impfung gibt. Es gibt aber auch eine ganze Reihe von Krankheiten, bei denen dieselben oder ähnliche Symptome auftreten wie bei der Tollwut. Und es scheint keineswegs sicher, dass es sich bei jedem in den Medien

In Österreich wurde letztmals 1979 eine Tollwutinfektion diagnostiziert. 2008 wurde Österreich von der Weltgesundheitsorganisation (WHO) für tollwutfrei erklärt!

Bundesministerium für Gesundheit 2015

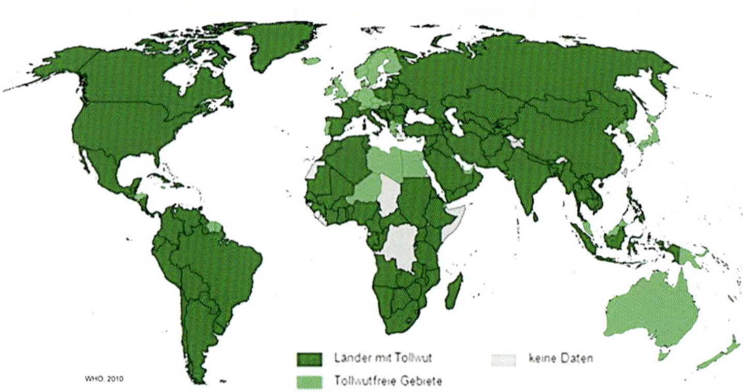

Weltweite Verbreitung der Tollwut.

Nord- und Mitteleuropa gehört zu den wenigen Gebieten, die tatsächlich frei von Tollwut sind. Aber weder in Frankreich noch in Spanien oder Italien ist die Tollwut für die Bevölkerung wirklich ein Problem.

erscheinenden Fall tatsächlich um Tollwut handelt. Die Internetplattform „AEGIS Österreich", die sich sehr kritisch mit Schulmedizin und Pharmaindustrie auseinandersetzt, schreibt hinsichtlich der Tollwut: „Wirklich sachliches Wissen fehlt selbst den Absolventen der medizinischen Fakultät."

Es ist vielleicht ganz interessant zu lesen, wie man in älterer Zeit über die Tollwut dachte, als von mutmaßlich an Tollwut erkrankten Füchsen oder Hunden gebissenes Vieh nicht entsorgt wurde. Man wartete einfach ab was geschah und verwertete diese Tiere auch. Georg Ludwig Hartig schreibt in seinem 1810 erschienenen *Lehrbuch für Jäger und die es werden wollen*:

> Die Tollheit. Sie ist mehrere Jahre lang in der Gegend des Bodensees und auch anderwärts sehr allgemein gewesen, und es sind dadurch viele Füchse eingegangen. Die Füchse laufen bei dieser Krankheit in die Walddörfer und beißen das zahme Vieh, ja selbst die Hunde. Doch sollen von den gebissenen Tieren in jener Gegend nur wenige wütend geworden sein. … Die Wut brach meistens erst am 28. Tage aus. Es ist daher ratsam, die gebissenen Tiere so zu behandeln, als wären sie von einem tollen Hund verwundet.

Noch in den 1970er-Jahren waren die bei uns für den Menschen zur Verfügung stehenden Impfstoffe mit starken Nebenwirkungen verbunden, die Behandlung war langwierig und äußerst unangenehm. Eine Schutzimpfung für Haustiere fehlte lange Zeit oder war verboten; heute ist sie selbstverständlich oder sogar Pflicht. Die Impfung infizierter oder der Infektion verdächtiger

**Die Tollwut
in Stichworten**

Erreger: Rhabdo-Virus

Infektionsquelle: infizierte Fleischfresser

Übertragung: Biss oder Hautkontakt mit Speichel infizierter Tiere

Inkubationszeit: 15 bis 90 Tage, maximal 12 Monate

Symptome 1. Phase: grippeähnliche Symptome,
Depressionen,
Angstzustände,
Erregungszustände,
Schlaflosigkeit;
Dauer: 2 bis 10 Tage

Symptome 2. Phase: Hyperventilation,
Sprachunfähigkeit,
Lähmungen,
Verwirrtheit,
Halluzinationen,
Unruhe;
Dauer: 2 bis 7 Tage

Behandlung: nach Infektion sofortige Impfung

Tiere ist bis heute verboten. Doch niemand muss in Europa an der Tollwut sterben, wohl aber an Krebs, Schlaganfall oder Herzinfarkt.

Daran, dass die Angst vor der Tollwut so groß und irrational ist, hat die Jagd erheblichen Anteil! Wir Jäger haben die Angst lange Zeit instrumentalisiert, in der Hoffnung, den Menschen Angst zu machen und sie so aus den Revieren oder zumindest auf den Wegen zu halten. Wir waren es, die überall Tollwut-Warnhinweise aufgehängt haben, die in Leserbriefen, auf Trophäenschauen und selbst in Kindergärten darauf hingewiesen haben. Wir waren es, die in durchschaubarer Absicht vor dem Sammeln von Beeren und Pilzen warnten – völlig ungeachtet der auf Versachlichung zielenden Aussagen jener, die sich beruflich und professionell mit der Tollwut beschäftigten. Inzwischen ist die mühsam erzeugte Hysterie abgeflaut. Aber wo immer das Wort „Fuchs“ fällt, steht unausgesprochen das Wort „Tollwut“ dabei. Am wenigsten Angst vor dieser, von ihrem Ablauf her schlimmen Krankheit, haben offenbar jene, die berufsbedingt am häufigsten mit Füchsen und anderen Tollwutträgern umgehen – die Präparatoren und gewerbsmäßigen Abbalger.

Nochmals – ohne Wertung durch den Autor dieses Buches – die Internetplattform „AEGIS Österreich“:

> Im Licht der modernen Medizin muss sogar davon ausgegangen werden, dass die Vorstellung, die Tollwut sei eine eigenständige Krankheit mit einem eigenen spezifischen Virus als Krankheitsursache, nicht mehr zu halten ist. Es ist bis heute nicht möglich, die Tollwuterkrankung durch mikroskopische und labormedizinische Untersuchungen eindeutig zu beweisen. Wir haben es in Wahrheit mit einem überlieferten Phantom zu tun, welches bei abergläubischen und leichtgläubigen Menschen Anklang findet. Mächtige Interessensgruppen versuchen, den Glauben an die Tollwut durch laufende Propaganda aufrechtzuerhalten. Dazu gehört in erster Linie die Impfindustrie. Die Drohung mit dem Schreckgespenst lässt bis heute das weiterhin existieren, was von der Tollwut übrigblieb, die Impfung gegen Tollwut.

Als die Tollwut ihren Schrecken zu verlieren begann, lieferte uns die Veterinärmedizin den nächsten Gag – den Fuchsbandwurm. Von ihm wurde gesagt, dass er sich rasend schnell ausbreite. Sicher ist jedoch nur, dass sich vor allem die Untersuchungen rasend schnell ausbreiteten.

Ursprünglich schien das Vorkommen des Fuchsbandwurmes auf Teile Süddeutschlands und der Schweiz beschränkt. Das ist nicht verwunderlich, denn nur dort wurden Füchse stichprobenartig regelmäßig auf sein Vorkommen untersucht. Als man später auch in Niedersachsen zu untersuchen begann, wurde der Bandwurm auch dort nachgewiesen, und schon war sinngemäß die Schlagzeile geboren: „Fuchsbandwurm schon bis Niedersachsen vorgedrungen!“ Schließlich, als in allen Bundesländern untersucht wurde, wurde der gar nicht nette kleine Wurm auch in allen Bundesländern nachgewiesen.

In der älteren Fachliteratur war zu lesen, der Fuchsbandwurm komme fast nur im Regierungsbezirk Südwürttemberg-Hohenzollern (mit Tübingen als Hauptstadt; diese Verwaltungseinheit gibt es jedoch seit 1973 nicht mehr) und vereinzelt in der Schweiz vor. Auch Rudolf Wetzel und Walter Rieck, in der zweiten Hälfte des 20. Jahrhunderts führend auf dem Gebiet der Wildkrankheiten, schrieben noch:

> Das Vorkommen des weniggliedrigen Fuchsbandwurmes *(Echinococcus multilocularis)* ist im mitteleuropäischen Raum auf gewisse gebirgige Gegenden Süddeutschlands – Oberbayern, Baden-Württemberg (Schwäbische Alb) –, ferner auf Tirol, Kärnten, Steiermark und die Schweiz beschränkt.

Es liegt mir absolut fern, den Fuchsbandwurm und seine schrecklichen Folgen zu verharmlosen. Aber den Genuss selbst gepflückter – sogar ungewaschener – Schwarzbeeren und anderer Waldfrüchte lasse ich mir nicht nehmen!

Der Wirt eines Fuchsbandwurmes scheidet mit der Losung regelmäßig Eier aus. Diese Eier werden über die Vegetation von

Fuchsbandwurm Kreislauf.

Der Fuchs ist Wirt des Fuchsbandwurmes und scheidet mit der Losung Eier aus. Diese werden von Kleinnagern als Zwischenwirte aufgenommen und entwickeln sich in diesen zu Finnenblasen. Nager werden vom Fuchs gefressen, und aus den Finnen entwickeln sich wieder Bandwürmer. Nimmt der Mensch, der als Fehlwirt gilt, Eier auf, entwickeln sich diese in der Mehrzahl der Fälle nicht weiter. Kommt es dennoch zur Finnenbildung, ist eine Therapie nur im Anfangsstadium möglich.

Kleinnagern (Zwischenwirten) aufgenommen, in denen sie sich zu Finnen entwickeln. Die Kleinnager werden wiederum von Fleischfressern (Endwirten) gefressen, und aus deren Finnen entwickeln sich im Wirt geschlechtsreife Bandwürmer.

Der Mensch kann ebenfalls Bandwurmeier aufnehmen, er ist aber kein Zwischen- sondern ein Fehlwirt. Nur in sehr seltenen Fällen können sich im Menschen aus den Eiern auch Finnen entwickeln. Die Infektion kann bis zu fünfzehn Jahre unerkannt bleiben. Wird sie vor Auftreten der ersten Symptome erkannt, ist Hilfe möglich.

Die Medien sind uns für jede Panikmache dankbar. Der Fuchsbandwurm ist in vielen Redaktionen ebenso im „Stehsatz“ vorhanden wie die Gefahr von Kollisionen mit Wild in der Reh- und Hirschbrunft und die Wildfütterung – Osterhase und Weihnachtsbaum ebenso. Jeder wird einmal im Jahr hervorgeholt, etwas aktualisiert und in Umlauf gebracht.

Die Maßnahmen, die uns vor dem Fuchsbandwurm weitgehend schützen, sind simpel: Nach jedem Fuchskontakt die

Hände waschen sowie Fuchs- und Hundekot nur gut durchgegart oder noch besser gar nicht essen …

Dem Jäger wird empfohlen:

– Füchse nur mit Handschuhen anzufassen;
– vor dem Abbalgen Füchse nass zu machen, damit Wurmeier nicht fliegen (Anmerkung: Es müsste sich um Eier handeln, die beim Ausscheiden der Losung von dieser abgestreift werden und im Bereich von Weidloch, Luntenansatz oder Keulen hängenbleiben);
– beim Abbalgen Mundschutz zu tragen.

Ich wünsche mir keine Nichtjäger, die sich von Tollwut und Fuchsbandwurm aus der Landschaft verdrängen lassen, auch wenn ich mich oft über manche von ihnen ärgere. Denn wer sich von uns in Panik versetzen lässt, ist auch dann anfällig, wenn es gegen uns geht. Mir sind auch der Jagd gegenüber kritisch eingestellte Zeitgenossen lieber als hirn- und kritiklose Medienkonsumenten, auf die ich mich als Jäger eh nicht verlassen kann!

Seine Verwandtschaft und seine Fähigkeiten

Echte Füchse

Alle Füchse sind Mitglieder der Hundefamilie. Dabei wird zwischen Echten Füchsen *(Vulpini)* und Echten Hunden *(Canini)* unterschieden. Das ist jetzt wirklich etwas verwirrend, denn auch die Echten Hunde werden teilweise zu den Füchsen gezählt. Von den Echten Füchsen kommen in Europa nur zwei Arten vor: ausschließlich hoch im Norden der Polarfuchs und südlich von dessen Verbreitungsgebiet der Rotfuchs. Nur um Letzteren soll es in diesem Buch gehen. Alle anderen Füchse werden auf den nächsten beiden Seiten ausschließlich der Vollständigkeit halber genannt.

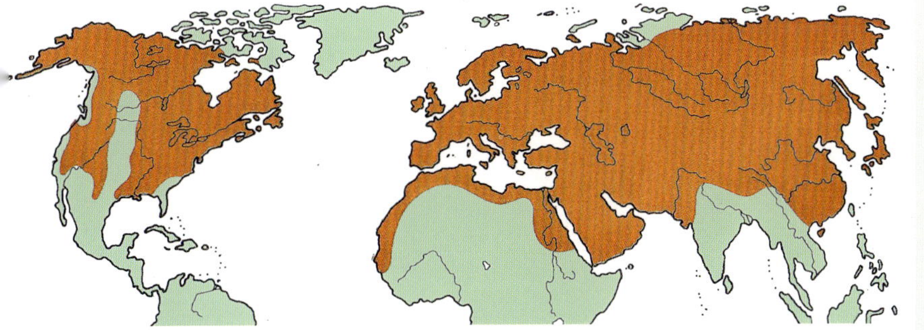

Verbreitung des Rotfuchses (rotbraun).

Der Rotfuchs ist über die gesamte nördliche Halbkugel verbreitet, und in Australien wurde er eingebürgert.

Echte Füchse

Art	Verbreitung	Gewicht
Europa		
Rotfuchs *(Vulpes vulpes)*	nahezu gesamte nördliche Halbkugel	5 bis 8 kg
Polarfuchs *(Vulpes lagopus)*	überwiegend nördlich des Polarkreises, rund um den Pol	4 bis 5 kg
Nordamerika		
Swiftfuchs *(Vulpes velox)*	USA, schmaler Streifen östlich der Rocky Mountains	2,2 bis 3 kg
Kitfuchs *(Vulpes macrotis)*	südwestliche USA und Teile Mexikos	1,4 bis 3 kg
Graufuchs *(Urocyon cinereoargenteus)*	Süden der USA und Mittelamerika	4 bis 5 kg
Insel-Graufuchs *(Urocyon littoralis)*	nur auf Inseln vor der Kalifornischen Küste	1,3 bis 3 kg
Afrika und Arabien		
Kapfuchs *(Vulpes charma)*	Savannen und Halbwüsten im südlichen Afrika	2,5 bis 3 kg
Fennek *(Vulpes zerda)*	Nordafrika	1 bis 1,5 kg
Rüppellfuchs *(Vulpes rueppellii)*	Nordafrika, Arabien und Vorderasien	1,3 bis 2,2 kg
Blassfuchs *(Vulpes pallida)*	Halbwüstengürtel südlich der Sahara	2 bis 3,6 kg
Großohrfuchs *(Otocyon megalotis)*	Savannen des südlichen und östlichen Afrikas	3 bis 5,3 kg
Asien		
Afghanfuchs *(Vulpes cana)*	trockene Gebirgsregionen der Arabischen Halbinsel und Zentralasien	bis 1,3 kg
Bengalfuchs *(Vulpes bengalensis)*	Indischer Subkontinent, südlicherHimalaja bis Bangladesch	1,8 bis 3,2 kg
Steppenfuchs *(Vulpes corsac)*	Steppen- und Wüstengebiete Zentralasiens	1,6 bis 3,2 kg
Tibetfuchs *(Vulpes ferrilata)*	Steppen und Halbwüsten Tibets	3,8 bis 4,1 kg

Echte Hunde

Südamerika

Art	*Verbreitung*	*Gewicht*
Patagonischer Fuchs *(Lycalopex culpaeus)*	von Kolumbien über Chile bis Feuerland, Andenregion bis Küste	4 bis 7,5 kg
Grauer Andenfuchs *(Lycalopex griseus)*	von Atacama Wüste über die Anden und die Küsten-Kordillere bis Feuerland	2,5 bis 4 kg
Brasilianischer Kampfuchs *(Lycalopex vetulus)*	Zentral- und Südbrasilien	3 bis 4 kg
Darwin-Fuchs *(Lycalopex fulvipes)*	nur auf der Insel Chiloé	2 bis 4 kg
Sechuran-Fuchs *(Lycalopex sechurae)*	küstennahe Wüsten Nord-Perus und Süd-Ekuadors	etwa 4,5 kg
Maikong *(Cerdocyon thous)*	Savannen und Prärien im nördlichen und westlichen Südamerika	6 bis 8 kg
Kurzohrfuchs *(Atelocynus microtis)*	Amazonasbecken, Peru, Kolumbien, Ecuador und Brasilien	9 bis 10 kg

Rotfuchs – Bewohner fast aller Kontinente

Europa wird vom Rotfuchs nahezu flächendeckend besiedelt; kein Land, in dem er nicht vorkommt. Er ist aber auch weltweit sicher der erfolgreichste Vertreter seiner Familie und hat sich das größte Verbreitungsgebiet gesichert. Wir können ihm fast auf der gesamten nördlichen Halbkugel begegnen, einschließlich des nördlichen Afrikas im Bereich der Mittelmeerküste, und selbst im Niltal ist er inzwischen daheim. In Australien wurde er Mitte des 19. Jahrhunderts von britischen Siedlern eingeschleppt und entwickelte sich dort zur Plage. In Nordeuropa überlappt sich sein Verbreitungsgebiet mit dem des deutlich kleineren Polarfuchses. In Nordamerika hat er sich durchgesetzt, obwohl ihm vier weitere Angehörige seiner Familie Konkurrenz machen.

Gehöre, Seher, Windfang

Füchse – und zwar alle Angehörigen dieser Familie – wären ohne ihre durchwegs hervorragenden Sinne nicht so erfolgreiche Weltbürger geworden. Drei Sinne sind für den Fuchs gleichermaßen wichtig und für den Erfolg des menschlichen Jägers gleichermaßen hinderlich! Die meisten Informationen erhalten Füchse wahrscheinlich über ihre Riechschleimhaut. Sie meldet ihnen nicht nur die Nahrung, sondern auch die meisten Feinde, allen voran den menschlichen Jäger. Auf den hervorragenden Geruchssinn deutet schon die Schädelform hin – der lange Gesichtsschädel. Aufgrund der unterschiedlich großen Zahl an Riechzellen wird davon ausgegangen, dass die Nasenleistung des Fuchses etwa 450mal größer sein kann als die des Menschen. Jedenfalls war ein Fuchs im Experiment noch in der Lage, aus 80 Meter Entfernung aus einem frisch mit Jauche abgedeckten Feld menschliche Witterung herauszuselektieren. Die Fähigkeit, aus einem großen Duftvolumen auch einzelne geringe Duftelemente herauszufiltern, lässt wahrscheinlich werden, dass Füchse auch zwischen den verschiedenen menschlichen Witterungen draußen in der Landschaft unterscheiden und die des Jägers herausfiltern können.

Natürlich spielt diese hervorragende Nasenleistung auch im Zusammenleben der Füchse untereinander eine große Rolle. Sie macht Geruchsmarken zum perfekten Kommunikationsmedium.

Auch der Gehörsinn lässt kaum zu wünschen übrig. Die Gehöre sind wie kleine Parabolspiegel, die sich unabhängig voneinander um bis zu hundert Grad drehen und somit auf ein ganz bestimmtes Geräusch ausrichten lassen, ohne dass der Fuchs seine Körperstellung als solches ändert. Durch Drehung des Kopfes, wobei dieser häufig schiefgehalten wird, justieren die Füchse gewissermaßen nach. Wie präzise Füchse auch feinste Geräusche orten, wird im Winter bei hoher Schneelage deutlich. Da versuchen sie zuerst ausgiebig eine unterm Schnee befindliche Maus exakt zu orten. Dann schnellen sie sich mit einem Steilsprung in die Höhe, bei dem sie genug Energie bekommen, um bei der Landung eine fünfzig Zentimeter dicke Schneeschicht problemlos zu durchschlagen und die Maus zu greifen.

Es ist immer wieder faszinierend, wie genau Füchse auch feinste Geräusche des Jägers registrieren, etwa das Reiben synthetischer Kleidung oder das noch so diskrete Anstoßen von Glas oder Gewehr am Holz. In meiner Jugend, als die Gummiarmierung der Jagdgläser noch unbekannt war, rettete das noch so leise Anschlagen des Glases manchem Fuchs das Leben.

Wie bei Beutegreifern üblich, sitzen die Augen vorne im Gesichtsschädel. Das schränkt zwar die Rundumsicht deutlich ein, auf die kommt es aber bei der Verfolgung eines Beutetieres auch nicht an. Im Gegensatz hierzu sitzen die Augen der meisten seiner Beutetiere seitlich. Diese müssen ja auch vor allem ihr Umfeld im Blick behalten, um Bedrohungen frühzeitig zu erkennen.

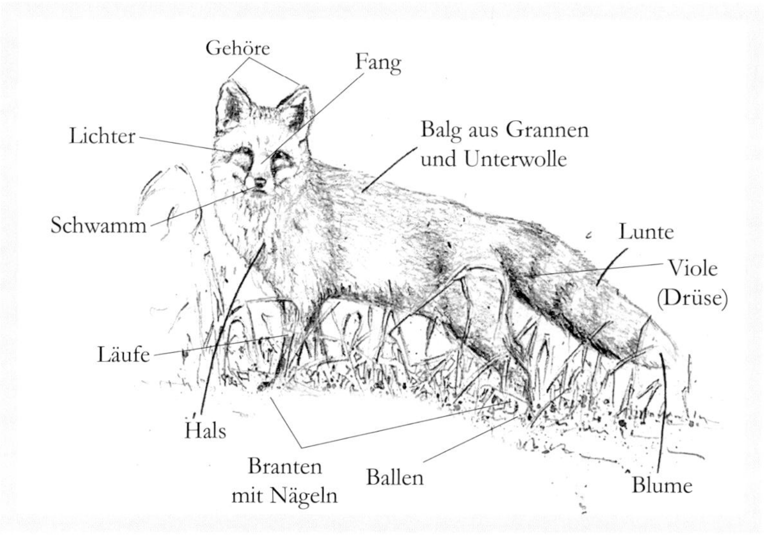

Körperbezeichnungen des Fuchses in der Jägersprache.

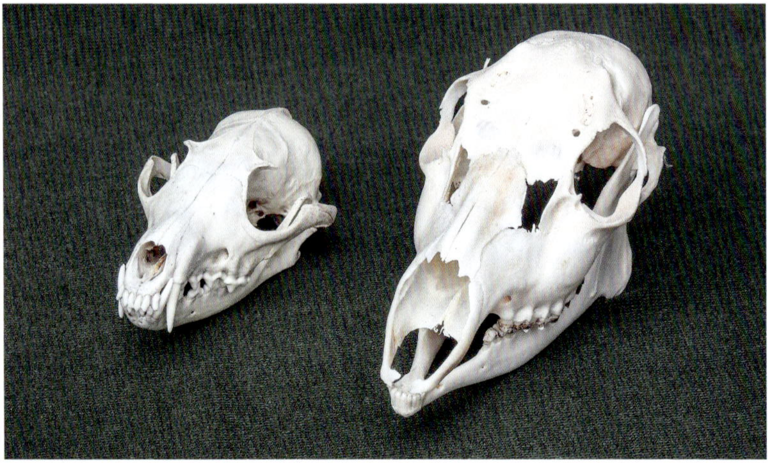

Gesichtsschädel von Fuchs und Reh.
An den beiden Schädeln ist es gut zu sehen: Die Augenhöhlen des Verfolgers Fuchs stehen mehr nach vorne, die des Fluchttieres Reh mehr zur Seite.

Die Sehleistung des Fuchses ist deutlich schwächer als Geruchs- und Hörsinn, aber der eines Menschen immer noch weit überlegen. Allerdings ist der Fuchs auch nicht übermäßig auf seine Augen angewiesen. Felix Labhardt schreibt, dass selbst blinde Füchse so gut überleben könnten wie ihre sehenden Artgenossen. Dies mag übertrieben klingen, wird aber nachvollziehbar, wenn wir bedenken, dass der Fuchs Beute wie Feinde fast ausschließlich olfaktorisch und akustisch wahrnimmt und ortet.

Die visuelle Überlegenheit des Fuchses gegenüber dem Menschen wird vor allem in der Nacht und in der Dämmerung deutlich. Bei Tage verengt der Fuchs seine Pupille – je nach Lichtintensität – bis zu einem schmalen vertikalen Schlitz. Das erhöht seine Sehschärfe. Mit abnehmendem Licht öffnet er die Pupillen, bis sie schließlich völlig rund und groß sind. Auch wenn der Fuchs nicht überragend gut sieht, so erkennt er doch Bewegungen umso besser. Während er ruhig stehende Menschen mitunter übersieht, erkennt er sie in der Bewegung noch auf dreihundert Meter problemlos.

Akrobat und Läufer

Unser Rotfuchs ist innerhalb seiner Familie ein wahrer Riese. Mitunter erreicht er bis zu 10 Kilogramm Körpergewicht – die Mehrheit der Rüden erreicht so um 8 Kilogramm. Das ist viel, bedenkt man, dass der in Nordafrika lebende Fennek höchstens 1,5 Kilogramm auf die Waage bringt und dass eine ganze Reihe weiterer Füchse nicht mehr als 2 Kilogramm erreicht. Selbst der im Norden Europas lebende und mit dem Rotfuchs eng verwandte Polarfuchs bringt es gerade einmal auf 5 Kilogramm, womit er die so oft zitierte Bergmann'sche Regel (nach welcher die Arten nach Norden hin größer und schwerer werden) etwas in Frage stellt. Dennoch ist der Rotfuchs, was seinen Körperbau angeht, ein Phänomen. Seine Anatomie macht ihn gleichermaßen zum ausdauernden Läufer wie zum geschickten Schwimmer und Kletterer, der zudem in engen Höhlen unglaublich wendig ist.

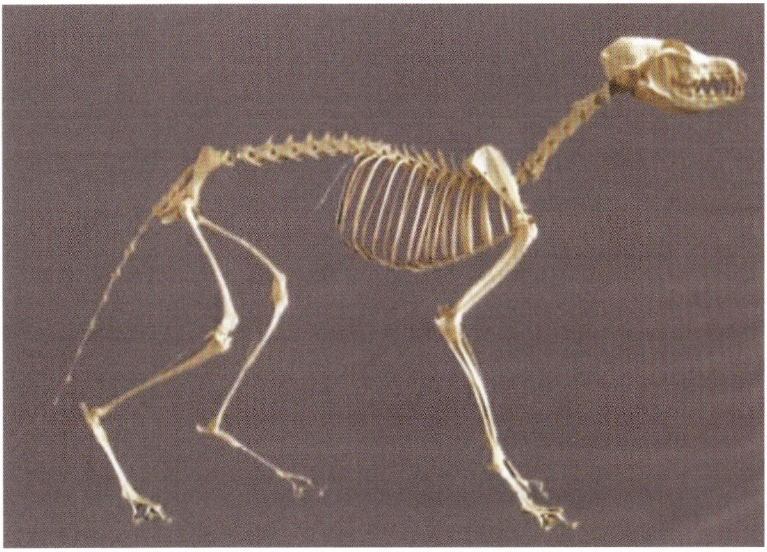

Fuchs-Skelett.

Trotz seiner langen Läufe ist der Fuchs auch im engen Bau unglaublich wendig. Er schafft hohe Sprünge auf Mauern oder über Zäune und klettert sogar.

Fuchs im Baum.
Ein Fuchs, der in einem Obstbaum nach verbliebenen Früchten sucht. Sicher nicht besonders häufig, aber es kommt vor.

Seine Läufe sind gut doppelt so lang wie die eines Dackels mit bestem Formwert. Dabei dürfen die Läufe des Dackels nach Meinung vieler ihrer Züchter gar nicht länger sein, weil die Hunde sonst angeblich für den Fuchsbau zu groß sind. Der Fuchs hingegen dreht und überschlägt sich im Kunstbau in Röhren mit nur 25 Zentimeter Durchmesser mühelos. Er schafft es auch, einen Hund im Bau zu überrennen. Seine Läufe lassen sich fast wie ein Fahrwerk einfahren und gestatten dem Fuchs so, sich ganz flach zu machen, was ihm die Annäherung an Beutetiere erleichtert. Gleichzeitig ermöglichen sie ihm den Steilsprung auf die Maus und tragen ihn mühelos über weite Strecken. Mit ihnen legt er als „Such-Ernährer“ in einer Nacht bis weit über zehn Kilometer zurück. Sie machen ihn jedoch nicht zum ausdauernden Hetzer. Den angejagten Hasen gibt er, eigenen Beobachtungen zufolge, oft schon nach zwanzig, spätestens nach fünfzig Metern auf. Längere Hetzen sind selten und erfolgen allenfalls hinter kranken oder behinderten Beutetieren.

Dass der Fuchs, wie alle Raubtiere, auf den Zehen geht, muss einem Jäger nicht gesagt werden. Gleichwohl sind diese Zehen eine kurze Betrachtung wert. Vier Zehen, von denen jede einen dicken Ballen besitzt, bilden die Pfote. Die Ballen sind nicht nur dick, sondern auch rau. Sie isolieren auf kaltem Boden und Eis, federn aber gleichzeitig ab, und zwar bei der schnellen Bewegung wie bei Beutesprüngen. Ihre Rauheit gibt dem Fuchs Halt und hilft ihm beim Überwinden von Hindernissen wie Mauern und Zäunen und sogar beim Besteigen schräg stehender oder tiefastiger Bäume. Richtig gehört: Zuweilen steigen Füchse auch in Bäumen umher, entweder, um an Nahrung zu kommen, oder zur Ruhe. Zwischen den rauen Ballen findet sich eine dichte Behaarung, die nicht nur das Eindringen und Festsetzen von Schmutz verhindert, sondern ebenfalls gegen Kälte isoliert und das Einsinken im Schnee minimiert.

Stimme

Füchse sind durchaus stimmfreudig. Sie verständigen sich und uns mit einer ganzen Reihe von Lauten. Dabei sind sie unglaublich variantenreich. Wir dürfen wohl davon ausgehen, dass ihre Laut-Sprache komplexer ist als die der meisten anderen heimischen Wildarten.

Am häufigsten und das ganze Jahr über zu hören ist der gelegentlich an das Schrecken eines Rehs erinnernde Warnschrei. Er ist laut und oft über mehr als fünfhundert Meter hörbar. Dieser Ruf ist einsilbig und wird meist nach hinten abflachend, aber auch sehr variantenreich vorgetragen. Füchse warnen einander mit ihm, etwa die Fähe ihre Welpen. Der Ruf ist aber oft auch nur eine Unmutsäußerung und mitunter ein Zeichen von Verlegenheit. Daher ist das Warnen auch nicht unbedingt mit Flucht verbunden. Manchmal ruft ein Fuchs sogar anhaltend im Sitzen oder in der langsamen Bewegung.

Das Bellen ist typisch für die Ranzzeit. Meist ist es schon im Dezember zu hören, also bereits etwas vor der eigentlichen Ranz. Dieser Ruf besteht aus mehreren, schnell hintereinander ausgestoßenen dreisilbigen Strophen, und hört sich wie ein sehr raues „Wä-Wä-Wä" an. Über das ebenfalls variantenreich vorgetragene Bellen versucht der Rüde mit der Fähe in Kontakt zu kommen. Die Fähen antworten jedoch nicht.

Die Fähe hat einen eigenen Ranzlaut, den ich das „Wimmern" nenne. Andere Autoren sprechen vom „Jammern". Es hört sich etwa wie „Wow, wow, wow" oder „Wü, wü, wü" oder „Au, au, au" an, bei dem meist fünf Silben in schneller Folge ausgestoßen werden. Die Tonlage ist deutlich höher als beim Ranzlaut der Rüden. Ob das Wimmern tatsächlich ausschließlich von der Fähe verwendet wird, wie beispielsweise Felix Labhardt schreibt, oder ob diese Laute auch von Rüden zu hören sind, wie David Macdonald meint, ist fraglich. Jedenfalls gelang es mir mehrfach, Füchse durch Nachahmung des Wimmerns zum Zustehen zu bewegen. Das spricht dafür, dass beide Geschlechter diesen Laut verwenden. Theoretisch könnte es natürlich auch sein, dass sich zwei Fähen mit diesem Ruf verständigen. Es macht allerdings wenig Sinn, wenn sich eine Fähe in der Ranz Konkurrenz herbeiruft.

Dieses Wimmern ist jedoch nicht nur in der Ranzzeit zu hören. Manche Fähen künden damit auch ihre Rückkehr zu den Welpen an. Ich hörte es erstmals vor mehr als einem halben Jahrhundert. Als junger Berufsjägerlehrling saß ich in der Eifel am frühen Nachmittag an einem Bau an. Der mir bis dahin völlig unbekannte Laut kam mit Unterbrechungen näher, bis schließlich die Fähe mit Fraß vor dem Bau stand, aus dem ihr die Welpen entgegenkamen. Das sind so Erlebnisse, die man nicht mehr vergisst und die immer wieder lebendig werden, wenn man gelegentlich gegenteilige Aussagen liest.

Rivalisierende Füchse keckern oder kreischen. Sie stoßen dabei im Stakkato sehr raue, kurze und tiefe Laute aus, in die

Keckernde Füchse.
Zwei Füchse begegnen sich und tragen die dabei entstehenden Aggressionen keckernd aus.

sich aber oft auch hohe Töne mischen. Dabei sitzen, stehen oder liegen sie sich meist dicht gegenüber. Zuweilen kämpfen sie dabei auch. Wir hören das Keckern schon bei den Jungfüchsen im Spiel und später, wenn sich fremde Füchse zufällig begegnen, ebenso in der Ranz zwischen Rüden oder wenn ein Rüde einer im Vor-Östrus befindlichen Fähe lästig wird.

Daneben gibt es noch eine ganze Reihe anderer Laute, mit denen sich Füchse verständigen, die aber für den Jäger und seine Praxis keine so große Bedeutung haben.

Es ist erstaunlich, wie wenig heute viele Jäger mit Tierstimmen anzufangen wissen. Dem Fuchs wird am ehesten noch der Warnruf zugeordnet. Weit weniger bekannt ist der Ranzlaut, und das Wimmern wird gelegentlich einer Eule zugeschrieben. Dabei macht es uns das Internet leicht, mit Tierstimmen vertraut zu werden. Sehr gute Aufnahmen findet man etwa auf der Homepage des Museums für Naturkunde Berlin.

Balgwechsel nur einmal

Der Fuchs gehört zu jenen Säugern, die ihr Haar nur einmal im Jahr wechseln. Der Beginn des Haarwechsels erfolgt in höheren Lagen später als im Tiefland, liegt aber ganz grob Anfang April. Die Fähen sind dabei etwas früher dran, weil sie aktiv mithelfen. Sie rupfen sich für die Welpen die Bauchhaare im Bereich des Gesäuges. Gute drei Monate hindurch schaut der Fuchs dann ziemlich zerrupft aus, und einen tadellosen Sommerbalg trägt er kaum mehr als sechs Wochen, vor allem im September. Dann beginnen die im Sommer weitgehend fehlenden Wollhaare zu wachsen, die den Balg verdichten, und die Grannen legen an Länge zu. Zwar sehen wir oft schon in der zweiten Oktoberhälfte einen Fuchs im scheinbar vollen Winterbalg. Dessen Haare haben aber längst noch nicht ihre volle Länge erreicht. Erst Mitte November lohnt es sich, den Fuchs zu streifen. Doch selbst dann wachsen die Grannen noch. Volle Reife hat der Balg Mitte Dezember bis Mitte Januar. Da sind die Winterbälge dann wirklich gut. Danach macht sich oft schon das Ranzgeschehen bemerkbar. Die meisten Bälge sind erst im Dezember „weißledrig“. Doch das ist ein Begriff, mit dem heute viele jüngere Jäger gar nichts mehr anzufangen wissen. Er besagt, dass sich die Hautseite des Balges beim Trocknen nicht mehr dunkel verfärbt, also nicht mehr „grün“ ist.

Allesfresser mit Raubtiergebiss

Während meiner Ausbildung wurde der Fuchs überwiegend als Fleischfresser dargestellt, der vor allem von Niederwild und Rehkitzen lebt. Ich erinnere mich noch gut an meinen ersten Aufsatz, den ich als Berufsjägerlehrling schreiben musste. Es ging um die Steigerung der Hasen- und Fasanenstrecken durch intensive Fuchsbekämpfung. Die erwartete Rechnung war einfach: Wenn ein Fuchs im Jahr nur zehn Hasen frisst, und wir

Schädelskelett eines Fuchses.
Der Fuchs hat ein typisches Raubtiergebiss mit vier langen Fangzähnen zum Festhalten und Töten der Beute und Reißzähnen zum Zerkleinern.

schießen oder fangen zehn Füchse, dann liegen hundert Hasen mehr auf unserer Strecke … Das war der Geist, in dem wir jagdlich erzogen wurden und der auch heute noch nicht ganz tot ist. Ich wasche rückblickend meine Hände dennoch in Unschuld, denn wir schwafelten ja nur, was uns damals (und weit später noch) „akademisch fundiert" vorgeschwafelt wurde. Es kommt halt immer darauf an, wessen Brot der Sänger isst oder wer ihm die Butter aufs Brot bezahlt! Tatsache ist aber, dass die Fuchsstrecken auch in Revieren steigen, in denen es längst kein Niederwild mehr gibt oder auch früher kaum gab! Umgekehrt stiegen in Jahren mit trockenem Frühjahr und Sommer die Hasenstrecken auch dort, wo die Raubwildbejagung eine untergeordnete oder gar keine Rolle spielte.

Natürlich wird auch unser Rotfuchs zu den Raubtieren oder Beutegreifern gezählt, und er hat auch eindeutig ein Raubtiergebiss mit kräftigen Fangzähnen zum Festhalten der Beute und Reißzähnen zu deren Zerkleinerung. Er frisst auch die Fasanenhenne samt dem im Schnee steckengebliebenen Rehbock. Dennoch ist er Allesfresser – Generalist – der keineswegs nur aus Not auch Beeren und Früchte aller Art mag. Er begeistert sich für Süßes und verschmäht auch Back- und Teigwaren nicht. Dank dieser Flexibilität hat er die unterschiedlichsten Lebensräume erobert. Er kann sich anpassen und nimmt, was sich leicht finden oder erbeuten lässt. Das sind im Grünland vor allem Mäuse und Regenwürmer und in urbanen Bereichen ein erhöhter Anteil an Lebensmittelabfällen und Früchten.

Seine Flexibilität ist, was die Nahrung betrifft, manchmal geradezu unglaublich. So berichten die Italiener Ciampalini und Lovari (nach Felix Labhardt 1990), dass sich die von ihnen untersuchten Füchse in Grosseto, an der Westküste Zentralitaliens, ganzjährig hauptsächlich von Wacholderbeeren ernähren.

In den von der Landwirtschaft dominierten Lebensräumen liefern Feldmaus und Regenwurm dem Fuchs die meiste Energie. Ihre Greifbarkeit hängt jedoch ganz stark von der Landwirtschaft ab. Über Wiesen, die noch vor wenigen Jahrzehnten nur zweimal, teilweise sogar nur einmal jährlich gemäht wurden, donnern heute die Mäher bis zu sechsmal. Und mit jedem Mähgang werden die Wiesen „fuchsgerecht" zurückgeschnitten, denn im hohen Wiesengras fängt der Fuchs nur wenige Mäuse und sammelt noch weniger Regenwürmer!

Wenn wir einen Fuchs sowohl bei der Mäusejagd als auch beim Versuch, einen Hasen zu erwischen, beobachten, erkennen wir schnell, welche Jagd effizienter und energiesparender ist! Ich will nicht bestreiten, dass es dem Fuchs hin und wieder gelingt, einen ausgewachsenen, gesunden Hasen zu überlisten, doch gesehen habe ich das noch nie. Wohl aber hatte ich immer wieder die Gelegenheit zu beobachten, wie der Fuchs – erfolglos – versuchte, einen Hasen zu erbeuten. Hat ein gesunder, ausgewachsener Hase den Fuchs erst einmal entdeckt, hat dieser keine Chance mehr. Im Gegenteil: Einmal konnte ich im Allgäu – es lag gut ein halber Meter tragfähiger Schnee – in einer Mondnacht beobachten, wie sich ein Fuchs, den Harmlosen spielend, an einen Hasen heranmachte. Der Hase saß auf einem freigetauten Grasfleck und mümmelte. Er hatte den Fuchs auf

Fuchs und Enten.
Der Fuchs hat eine Ente gefangen und läuft mit ihr im Fang zwischen den übrigen Enten hindurch, ohne dass diese in Panik geraten. Er scheint also nicht gerade zu ihren erfolgreichsten Feinden zu gehören.

der mondbeschienenen Wiese schnell entdeckt. Er verließ das Loch, saß, sich scheinbar putzend, auf der Schneedecke und spielte ebenfalls den Arglosen. Der Fuchs lief, als würde er Mäuse suchen, hin und her und kam dabei dem Hasen immer näher. Aus vielleicht fünfzehn Metern griff er blitzartig an. Ebenso blitzartig startete der Hase und hatte schon nach zwanzig oder dreißig Metern soviel Distanz erreicht, dass der Fuchs die Verfolgung abbrach. Der Fuchs entfernte sich, und der Hase kehrte nach einiger Zeit zurück. Das Spiel wiederholte sich. Wieder näherte sich der Fuchs, diesmal noch viel geduldiger, den Mäusejäger mimend, dem Hasen. Schließlich befand er sich schon fast wieder auf Angriffsdistanz zum Hasen, als dieser aus heiterem Himmel seinerseits einen Angriff startete, auf den völlig überraschten Fuchs zuschoss und diesen übersprang. Den drehte es auf dem Schnee, ehe er sich ziemlich schnell davonmachte.

Dies ist eine fast unglaubliche Geschichte, aber so und nicht anders trug sie sich zu. Der Fuchs mochte ein Jährling sein, einer, der es eben auch einmal probieren wollte und dabei eine Lektion einsteckte. Was aber, wenn es ihm tatsächlich gelungen wäre, den Hasen zu fangen? Hätte dabei nicht eine für die Art Feldhase äußerst wichtige Selektion stattgefunden, für die wir dem Fuchs hätten Dank zollen müssen?

Jene Wenigen, die unsere Tierwelt noch immer in „Nützlinge" und „Schädlinge" einteilen, mögen jetzt zumindest soviel Objektivität investieren und überlegen, welchen erwachsenen Hasen ein Fuchs eher erbeutet: einen gesunden oder einen kranken? Vielleicht einen, dem reichlich Kokzidien im Darm stecken – oder Randschrote von der letzten Treibjagd? Selbst wenn man an dieser krankhaften Einteilung von nützlich und schädlich festhält, müsste man den Fuchs neu bewerten – vielleicht gerade dann!

Fortpflanzung

Der Jäger weiß, dass Füchse – typisch r-Stratege mit hoher Reproduktionsrate – „frühreif" und bereits mit neun bis zehn Monaten geschlechtsreif sind. Sie laufen in der Ranz schon fest und versuchen, bei der Paarung zum Zug zu kommen. In welchem Maße das den Jungfüchsen aber gelingt, ist fraglich. Jedenfalls sind sie zuweilen Mitglieder von Ranzgesellschaften und werden bei der Baujagd erlegt, wenn mehrere Rüden gemeinsam mit einer Fähe in einem Bau stecken.

Die Hauptranz findet im Januar statt, doch ist meist auch schon Ende Dezember Ranzbetrieb festzustellen. Detlev Müller-Using schreibt hingegen in *Diezels Niederjagd*:

> Die Ranzzeit liegt im Januar/Februar, häufiger wohl im letztgenannten Monat, doch kann der Ranzbeginn unter Umständen auch in die letzten Dezembertage fallen.

Ich kann das nicht bestätigen, ohne zu bestreiten, dass im Februar noch Ranzbetrieb stattfindet. Doch wenn die Hauptranz in den Februar fiele, käme ein erheblicher Teil der Würfe erst Mitte oder gar Ende April zur Welt. Felix Labhardt sieht die Ranz von Ende Dezember bis Mitte Februar und schreibt dazu:

> Im gesamten Verbreitungsgebiet verläuft die Ranz nicht synchron. Im Norden ist sie später, da die Geburt nach einer Tragzeit von rund 52 Tagen auf das Frühjahr fallen muss …

Michael Stubbe sieht die Hauptranzzeit zwischen Anfang Januar und Mitte Februar.

Nach meinen Beobachtungen sind auf vielen Bauen in der ersten Aprilhälfte schon plattgetretene Spielplätze und Fraßreste erkennbar, was darauf schließen lässt, dass die Welpen bereits im März geboren wurden. Nun beziehen sich meine Beobachtungen fast alle auf den südlichsten Teil Deutschlands und auf das noch südlicher gelegene Kärnten. Der französische Fuchsforscher Marc Artois (zitiert bei Stubbe) schreibt, dass in Frankreich *„die Mehrzahl der Jungen in der zweiten Märzhälfte geboren"* wird. Michael Stubbe hingegen sieht die Hauptwurfzeit in Mitteleuropa in der ersten Aprilhälfte. Es ist anzunehmen, dass sein eigenes Untersuchungsmaterial mehrheitlich aus der im Norden angesiedelten ehemaligen DDR stammt.

In den Nächten sind die Füchse mehr als sonst im Jahr zu hören, und bei Schnee sehen wir, dass die Baue häufiger angelaufen werden. Die Paarungszeit wird eingeleitet von der etwa zehntägigen Vorranz, in der die Fähe vor allem über den Urin Duftstoffe ausscheidet. Damit zieht sie die Aufmerksamkeit der Rüden auf sich. Doch wirklich paarungsbereit sind die Fähen nur während zwei oder drei Tagen. Danach nimmt das Interesse der Rüden an ihnen schlagartig ab.

Darüber, in welchem Maße die Rüden monogam sind, ob Rüde und Fähe eine Saisonehe eingehen oder manche Paare gar

Rüde und paarungsbereite Fähe.
Die Fähen verhalten sich häufig recht spröde. Im Haupt-Östrus fordern sie die Rüden aber auch zur Paarung auf. Eine zur Seite gebogene Lunte ist ein deutliches Signal.

lebenslänglich zusammenhalten, gibt es unterschiedliche Aussagen. Die meisten Füchse werden ohnehin nicht sehr alt, was eindeutige Aussagen erschwert. Wir dürfen aber auch getrost davon ausgehen, dass Füchse keine Fachliteratur lesen, dafür aber individuelle Wesen sind, gleichermaßen Zwängen unterworfen wie Empfindungen. Fest steht inzwischen, dass sich die Rüden in der Regel an der Aufzucht beteiligen, was beim mitteleuropäischen Homo sapiens bei weitem nicht immer der Fall ist. Folglich dürfen wir zumindest eine Saison- oder Jahresehe annehmen. Andererseits liegen Beobachtungen vor, denen zufolge Fähen von mehreren Rüden nacheinander begattet wurden, etwa von Michael Stubbe. Dies muss aber noch keineswegs eine Ehe im Sinne von Fürsorge ausschließen; auch hier wieder der (wissenschaftlich natürlich völlig unzulässige) Hinweis auf Homo sapiens. Auch Felix Labhardt berichtet von einer Fähe – sie war radiotelemetrisch überwacht – die sich innerhalb einer Stunde mit drei verschiedenen Rüden paarte. Umgekehrt stellte Günter Tembrock (zitiert bei Stubbe) bei seinen Gehegefüchsen fest, dass sich der Rüde nur mit einer Fähe paarte, obwohl eine zweite vorhanden war, die sogar typisches Aufforderungsverhalten zeigte. Jedenfalls scheint das Sexualleben der Füchse, wie es uns Labhardt schildert, unglaublich variantenreich sein.

Die Paarung selbst dürfte ausschließlich im Freien stattfinden, auch wenn vereinzelt behauptet wird, sie finde zumindest teilweise im Bau statt. „Technisch“ würde eine Kopulation im Bau, ebenso wie das nachfolgende Hängen, schnell zum Problem. Wie soll in einer engen Röhre der Rüde bei der Fähe aufreiten? Der eigentlichen Paarung geht aber auch ein rituelles Werben mit Auflegen der Pfoten voran, das sicher nicht in der Enge des Baus stattfindet.

Deckakt – die Füchse hängen.

Fähen paaren sich auch mit mehreren Rüden, ohne deshalb auf die „Ehe“ mit einem bestimmten Rüden zu verzichten.

Beschlagene Fähen suchen sich alsbald einen Wurfbau und ruhen regelmäßig in diesem. Die Welpen kommen dann nach 51 bis 53 Tagen zur Welt, und zwar behaart, aber blind. Ein Nest baut die Fähe nicht; die Welpen liegen auf dem nackten Boden. Labhardt schreibt über die erste Zeit nach der Geburt:

> In den ersten zwei bis drei Wochen verlässt die Fähe selten den Bau. Sie wärmt die Welpen, säugt sie und beleckt die After- und Bauchregion, um die Ausscheidung von Losung (Kot) und das Nässen (Harn) anzuregen. Sie frisst den Milchkot, der offenbar noch verwertbare Bestandteile enthält … In dieser Zeit versorgt der Rüde die Fähe mit Futter. Selten war ein Faktum bis in die jüngste Zeit so umstritten wie die Rolle des Vaters.

Anfangs ist das Fell der Welpen fast schwarz; es wird erst im Laufe der Zeit heller. Sind die Welpen zwei Wochen alt, öffnen sie die Augen. Jetzt brechen auch die Zähne durch, ein Hinweis auf die bevorstehende Nahrungsumstellung. Das Sehvermögen ermöglicht erste kleine Ausflüge innerhalb des Baues. Mit dem langsamen Vordringen werden die Augen an das Tageslicht gewöhnt. Nun bringen die Elterntiere schon feste Nahrung.

Im Alter von vier Wochen wagen sich die Welpen bereits vor den Bau, sind dabei am Anfang aber noch ausgesprochen ängstlich. Das ändert sich jedoch rasch, da ihnen die inzwischen wieder selbst Futter suchende Fähe dieses auf dem Bau vorlegt. Mit sechs Wochen unternehmen die Welpen im Schutze der Dunkelheit erste Ausflüge in die Umgebung. Anfangs sind es kaum mehr als fünfzig Meter, doch werden die Entfernungen rasch gesteigert. In welchem Alter die Welpen den Wurfbau endgültig verlassen, scheint individuell verschieden. Darius Weber etwa schreibt:

> So verließen bei 7 im gleichen Jahr untersuchten Gehecken im Saarland die ersten Welpen bereits im Alter von höchstens 6 Wochen ihren Mutterbau endgültig, während die Jungfüchse eines anderen Gehecks darin auch nach 12 Wochen noch ausschließlich ruhten.

Jungfüchse.
Im Sommer geht die Fähe oft schon ihrer eigenen Wege, und der Zusammenhalt der Jungfüchse ist nur noch locker.

Das zeigt nicht nur, wie unterschiedlich sich Jungfüchse in diesem Punkt verhalten, sondern auch, dass manche Welpen sich bereits im Alter von sechs Wochen temporär von der Familie absetzen.

Im Frühsommer leben die Familien bereits komplett außerhalb des Baues, mehrheitlich in den Feldern. Nun gehen die Jungfüchse auch immer häufiger ohne die Fähe auf Nahrungssuche und beginnen sich – zunächst temporär – auch selbst zu trennen. Im Laufe des Sommers werden sie völlig selbstständig.

Anpasser und Überlebenskünstler

Lockere Verbindungen

Füchse gelten – im Prinzip – als Einzelgänger. Sie leben jedoch einen Teil des Jahres in Gesellschaft, nämlich in der Ranz und während der Aufzucht der Welpen. In meiner Jugend lehrte uns die Jagdwissenschaft noch, dass die Fähe ihre Welpen alleine aufziehen würde. Diese Meinung aus akademischem Munde war durchaus erwünscht und floss damals in die Jagdgesetzgebung ein. Der Fuchs genoss in jener Zeit (teilweise ist das heute noch so) keine Schonzeit, jedoch war die Fähe während der Aufzucht der Welpen geschont. Allerdings hielt sich kaum jemand daran. Im Gegenteil: Als Berufsjäger lernte ich noch, dass die Fähen während der Aufzuchtszeit besonders leicht zu erwischen seien, da auch stark tagaktiv.

Detlev Müller-Using war einer der ersten, die eine Beteiligung des Rüden an der Welpenaufzucht – wenn auch zweifelnd – in Erwägung zogen. Er berief sich auf einen mündlichen Hinweis durch Günter Tembrock. Heute wissen wir, dass sich die Rüden, auch ohne dass die Fähe ausfällt, an der Aufzucht beteiligen, und es scheint auch gewisse Bindungen zwischen Rüden und Fähen zu geben. Andererseits ist die Vaterschaft eines Rüden mitunter an mehr als einem Geheck gegeben. Um welches Geheck sich der Rüde dann kümmert und in welchem Maße er das tut, ist offen und wahrscheinlich auch individuell verschieden.

Tatsache ist: Dass sich der Rüde an der Aufzucht beteiligt, ist die Regel und nicht die Ausnahme. Das Foto auf der linken Seite zeigt einen Rüden, der erbeutete Mäuse dem Bau zuträgt.

Egal – sobald die Jungfüchse ausgelaufen sind und sich selbst ernähren, werden die Altfüchse wieder zu Solisten, und auch die Jungfüchse selbst vereinzeln sich nach und nach. Im September beginnen die Jungfüchse abzuwandern – die einen gehen, andere kommen. Erst in der Ranz finden die Geschlechter dann wieder zusammen. Der Baujäger weiß allerdings auch, dass gelegentlich schon im November – also vor der Ranz – mehrere Füchse in einem Bau stecken können. Das bedeutet jedoch zunächst nur, dass sie gemeinsam einen Bau nutzen. Außerhalb des Baues geht jeder seine eigenen Wege.

Das Sozialleben der Füchse variiert ebenfalls und hängt ganz wesentlich vom Lebensraum und von der Siedlungsdichte ab. Stadtfüchse erreichen eine sehr hohe Siedlungsdichte und begnügen sich – eine Folge des hohen Nahrungsangebotes – mit vergleichsweise kleinen Revieren. Sie verhalten sich dort aber auch ganz ähnlich wie Wölfe; sie bilden nämlich Gruppen, und nur die beiden ranghöchsten Tiere pflanzen sich fort. Dafür können sich rangniedrige Mitglieder an der Aufzucht der Welpen beteiligen. Die Übergänge scheinen fließend zu sein.

Tolerant territorial

In der Literatur werden Füchse als territorial beschrieben, mit dem Zugeständnis, dass sich die Reviere von Rüde und Fähe decken oder zumindest überlappen, und auch die Reviergrenzen zwischen zwei Rüden oder zwei Fähen nicht immer besonders scharf sind. Der Jäger kann beobachten, dass erwachsene Füchse, wenn sie sich außerhalb der Ranzzeit draußen begegnen, häufig überhaupt keine Notiz voneinander nehmen.

Andererseits sind Füchse das ganze Jahr hindurch eifrig mit dem Setzen von Duftmarken beschäftigt. Sie spritzen ihren Urin am liebsten an feste Unterlagen, etwa an Stämme oder Holzpfähle, und setzen ihre Losung bevorzugt erhöht ab. Sie tun dies auch im Winter. Daraus könnte man schließen, dass sie ihre Reviere ziemlich energisch verteidigen. Nun sah ich in den fuchsreichen Revieren des Voralpenlandes, beim nächtlichen Ansitz

Begegnung zweier Altfüchse.

Füchse haben zwar eigene Streifgebiete, sind aber gegenüber Artgenossen recht tolerant. Sie gehen sich aus dem Weg, und wenn man sich begegnet, bleibt es meist bei Drohgebärden.

am Luderplatz, manchmal bis zu zehn Füchse innerhalb weniger Stunden. Da liegt die Vermutung nahe, dass jeweils nur zwei Altfüchse beteiligt und die übrigen Jungfüchse waren. Doch das trifft nicht zu, denn mehrfach schoss ich bei einem Ansitz zwei oder drei Altfüchse des gleichen Geschlechts. Beim nächsten Ansitz, nicht selten gleich am Folgetag, sah und schoss man aber wieder Altfüchse. Also müssen sich diese ziemlich tolerant gegenüber Artgenossen desselben Geschlechts zeigen.

Aasfresser und Kannibalen

Kein Zweifel: Füchse sind innerartlich tolerant. Selten rastet einer aus, und ihre Paarungsgewohnheiten erinnern zuweilen an lockere Gang-Bang-Partys – jeder kommt dran, und selten ist einer eifersüchtig. Aber Füchse fressen auch Artgenossen – es sind passionierte Kannibalen!

Eine befreundete Jägerin erfasste im Mai gegen 22.50 Uhr mit dem Auto einen von vier auf der regennassen Fahrbahn herumlaufenden Fuchswelpen. Ohne zu halten, fuhr sie weiter. Zwei Stunden später kamen wir an der Unfallstelle vorbei. Im Scheinwerferlicht sahen wir am Straßenrand einen Altfuchs, offenbar eine Fähe. Sie sprang eher widerwillig ab, blieb aber etwa zwanzig Meter weiter wieder stehen. Wir hielten, richteten den Scheinwerfer ein, entdeckten am Straßenrand einen Welpen und einen Meter weiter einen zweiten, der an irgendetwas fraß. Wir schauten erst zu, dann plagte mich die Neugier. Ich wollte sehen, was die Fähe für ihre Welpen erbeutet hatte. Es war offensichtlich der zwei Stunden vorher vom Auto überfahrene Welpe! Offenbar hatte er nur einen Schlag erhalten, war aber nicht überrollt worden. Der Kopf fehlte jedoch – er war abgeschnitten! Ob dies die Fähe getan und ihn beiseite geschafft hat oder die Welpen selbst, ließ sich nicht feststellen. Tatsache war, dass ein Welpe, während wir zuschauten, an seinem toten Bruder fraß, am Hals.

Als ich den toten Welpen untersuchte, verharrten die drei überlebenden in drei bis zehn Metern Entfernung. Sie fühlten sich im hohen Gras und im Schutze der Dunkelheit offenbar recht sicher.

Besonders interessant scheint der Umstand, dass die Welpen nicht verwaist waren, sondern von der Fähe geführt wurden. Sie schnitten ihren überfahrenen Bruder folglich nicht aus Nahrungsmangel an. Über Kannibalismus unter Fuchswelpen, denen allerdings vorher die Mutter weggeschossen worden war, berichtete mir auch mein Kollege Frank Heil.

Vor vielen Jahren saß ich im Winter in der Luderhütte eines Freundes im Allgäu draußen. Die Hütte stand direkt neben dem Einödhof, mit Blick auf den Misthaufen. Ein auf diesem von mir beschossener Altfuchs flüchtete noch ein Stück den ver-

Fuchs und kalbende Kuh.
Die Kuh kalbt gerade, und der Jungfuchs wartet geduldig auf die Nachgeburt.

schneiten Hang hinunter und brach tot zusammen. Vielleicht eine halbe Stunde später kam ein Fuchs vom Wald herauf, bekam seinen toten Kollegen in die Nase, inspizierte ihn und begann ihn unverzüglich anzuschneiden. Er bekam meine Kugel und brach über dem zuerst geschossenen Fuchs zusammen. Nur wenig später kam noch ein dritter Fuchs, wieder vom Wald herauf. Auch er bekam seine Genossen in die Nase und versuchte, den einen ein Stück wegzuziehen. Das kostete auch ihn das Leben. Von den drei angelaufenen Füchsen waren also zumindest zwei Kannibalen.

Noch in den 1980er-Jahren war es üblich, die Kerne der abgebalgten Füchse auf den Luderplatz zu bringen. Keiner blieb dort liegen …

Füchse fressen jedoch nicht nur ihre tot aufgefundenen Artgenossen, sondern auch Artverwandte, etwa tote Hunde. Als wir vor Jahren ein paar Tage geschäftlich unterwegs waren, wurde daheim unsere Dackelhündin überfahren. Unser Jüngster packte sie in eine Schachtel und begrub sie im Revier. Zur Sicherheit tat er noch einige grobe Steine obenauf und füllte die Grube zu. Doch als ich wenige Tage später heimkam, war das Loch geöffnet und der „Leichnam“ entwendet. Täter konnte nur der Fuchs gewesen sein, Spuren hatte er keine hinterlassen. Zwei Jahre später begruben wir den Terrier meines Vorgängers, ebenfalls im Revier. Aus gehabter Erfahrung etwas tiefer und noch massiver mit Steinen gesichert. Eigentlich, so unsere Meinung, konnte ein vorbeischnürender Fuchs überhaupt nichts wittern. Irrtum, eine Woche später war auch dieses Grab geplündert. Soweit also Übergriffe innerhalb der „Verwandtschaft“. Die beiden Beispiele zeigen aber auch, wie hervorragend der Geruchsinn der Füchse ist.

Jede Landschaft passt

Füchse besiedeln bei uns nahezu jede Landschaft. Sie fehlen lediglich im reinen, steilen Felsgelände und im ewigen Eis. Doch am Rande der Gletscher kann man ihnen durchaus begegnen. Sie haben Nordseeinseln erobert, kommen in großen, geschlossenen Waldgebieten vor, wie wir sie vor allem im Süden und Osten Europas noch finden, und ebenso in reinen Feldlandschaften. Mit dem die Landschaft nutzenden Menschen haben sie wenig Probleme, zumal sich der Mensch in der Zeit, in welcher der Fuchs aktiv wird, aus der freien Landschaft weitgehend zurückzieht; Mensch und Fuchs teilen sich den gemeinsamen Lebensraum zeitlich. Der Mensch beansprucht ihn am hellen Tage, der Fuchs nutzt vor allem die Nacht.

Der Fuchs weiß aber auch ziemlich sicher einzuschätzen, ob von einem bestimmten Menschen Gefahr ausgeht oder nicht. Und das Verhältnis von gefährlichen zu ungefährlichen Menschen ist draußen in der freien Landschaft ein völlig anderes als in der Stadt. Nehmen wir die Stadt Berlin. Dort leben rund drei

Schwimmender Fuchs.
Füchse sind gute und bei Bedarf ausdauernde Schwimmer. Das hat ihnen geholfen, viele Inseln zu besiedeln.

Millionen Menschen, von denen nur etwas mehr als dreißig den Stadtfüchsen als Jäger gefährlich werden. Hier im Gebirge gibt es viele Reviere, in denen während der stillen Zeit des Jahres manchmal fast soviele Jäger wie Nichtjäger auftreten. Die Urlauber sind weg, geblieben sind eventuell ein paar Waldarbeiter und die Jäger.

Was die Fuchsdichte in erster Linie bestimmt, ist das Nahrungsangebot, und da weisen die verschiedenen Lebensräume große Unterschiede auf. In der Vergangenheit konnte man sagen, dass im Wald weniger Füchse leben als in der Feldlandschaft, einfach weil das Feld mehr Nahrung bietet. Ob das generell so bleibt, ist keineswegs sicher, denn sowohl die Wälder als auch die Landwirtschaft sind in ständigem Wandel begriffen. Schon die Umwandlung von Grün- in Ackerland verschiebt die Karten zu Ungunsten des Fuchses. Das gilt auch für den Wechsel von Hackfrucht zu Getreide, weil dieses so dicht gesät wird, dass der Fuchs dort kaum noch Mäuse fangen kann. Wo die Agrarflächen nicht mehr der Erzeugung von Lebensmitteln dienen, sondern der subventionierten Energiegewinnung, dort verschlechtern sich die Lebensbedingungen für den Fuchs eklatant.

Doch auch Wälder können sich verändern. Die trostlosen Fichtenreinbestände, wie sie in weiten Teilen Österreichs dominieren, bieten dem Fuchs sicher weniger Nahrung als „mäusereiche“ Misch- oder Laubwälder. Andererseits war oder ist die Kahlschlagwirtschaft fuchsfreundlicher als die Dauerwaldwirtschaft, vor allem, wenn auf den Schlägen überhöhte Schalenwildbestände den Bewuchs lange niederhalten und für zahlreiche Fehlstellen sorgen. Wir sehen also, dass die Dinge gar nicht so einfach, wohl aber ständig im Fluss sind.

Landschaftsstruktur und Siedlungen

Einfluss auf die Siedlungsdichte des Fuchses nimmt also ganz wesentlich die Landschaftsstruktur. In 1.000 Hektar Wald und daneben 1.000 Hektar Feld werden weniger Füchse leben, als wenn Wald und Feld miteinander vermischt sind. Je mehr Elemente in der Landschaft zu finden sind – Wald, Wiese, Acker, Wasser, Schilf, einzelne Häuser –, umso wohler fühlt sich der Fuchs.

Füchse leben nicht nur mit dem Menschen, sondern auch von ihm, oder besser gesagt: von seinen Abfällen. Wo sich Menschen regelmäßig aufhalten, schauen auch die Füchse vorbei. Das kann ein Gipfelkreuz sein, ein Waldparkplatz, eine Jagdhütte oder ein Gasthaus. Das heißt aber auch, dass zersiedelte Landschaften im Prinzip fuchsfreundlicher sind als Landschaften mit ausschließlich geschlossenen Ortschaften. Freilich kann sich auch die Qualität menschlicher Siedlungsplätze verändern. Der Landwirtschaftsbetrieb, der nur noch für die Biogasanlage produziert, bietet dem Fuchs weniger als jener, der seinen Mais an Rinder oder Schweine verfüttert. Der zwar mitten in der Landschaft liegende Bauernhof, welcher die Landwirtschaft auf-

Fuchsfreundliche Landschaftsstruktur im Allgäu.

Viele kleinere Waldparzellen und dazwischen meist intensivst genutztes, bis zu sechsmal im Jahr geschnittenes Grünland – und jede Menge Einzelhöfe mit Misthaufen. Eine Landschaft mit sehr hoher Fuchsdichte.

gegeben hat und den ausgebauten Stall an Fremde vermietet, bietet dem Fuchs weniger als die Keusche mit Hühnern, zwei Schweinen und wenigen Kühen. Natürlich kann es auch genau in die andere Richtung gehen: Der Bauernhof, der nebenbei Zimmer oder Ferienwohnungen vermietet, „Streicheltiere" hält, einen Grill und einen Kinderspielplatz anbietet, kann für den Fuchs ebenfalls attraktiv sein.

Wir haben bereits gehört, dass der Straßenverkehr ein ganz wesentlicher Prädator des Fuchses sein kann. Andererseits liefern Straßen und Bahnlinien dem Fuchs auch ständig Nahrung. So absurd es manchem Leser scheinen mag, aber da sind ja schon die überfahrenen Füchse, die, wenn nicht gleich vom Jäger oder Straßenunterhalter beseitigt, von anderen Füchsen verwertet werden. Füchse sind Kannibalen, wie wir gesehen haben.

An Straßen werden aber auch zahlreiche andere Tiere – vom Feldhasen über die Hauskatze bis zur Schwalbe – überfahren. Viele bleiben liegen oder verenden neben der Straße im Gras oder Gebüsch, wo sie von Füchsen gefunden und verwertet werden. Natürlich sind Füchse nicht die einzigen Nutzer von Verkehrsopfern. Nicht weniger profitieren Raben- und Greifvögel von diesen. Gleichzeitig helfen sie durch ihre Anwesenheit dem Fuchs, Verkehrsopfer zu finden. An Fernstraßen befinden sich mitunter auch Rastplätze, an denen Menschen ihre Reste hinterlassen.

Füchse als Stadtbewohner

Dass Füchse urbane Lebensräume der freien Landschaft vorziehen, ist nicht neu, kam aber früher wohl nicht so häufig vor wie heute. Warum das so ist, lässt sich schwer sagen. Einerseits war es für den Fuchs früher in Städten ungefährlicher, weil der Verkehr geringer war. Andererseits werden heute in der Stadt Haus- und Wildtiere in einem Maße verwöhnt, wie es früher sicher nicht der Fall war. Menschen haben aber früher auch nicht im heute üblichen Maße Lebensmittel weggeworfen. In Parks, an Haltestellen, ja schlicht fast überall finden Füchse Reste von Süßigkeiten, belegten Semmeln und vieles andere. Es stehen überdies auf unzähligen Terrassen und in Hinterhöfen Schüsseln mit Katzenfutter. Parks, Friedhöfe, Kindertagesstätten und Spielplätze stellen für Füchse wahre Supermärkte dar. Daneben werden Igel, Eichhörnchen und Enten gefüttert, und überall verbleiben Reste. Letztlich bauen viele Menschen recht persönliche Beziehungen zu „ihren“ Füchsen auf und füttern sie ganz gezielt. Füchse profitieren davon.

Füchse haben im urbanen Raum – sieht man vom Verkehr ab – auch kaum Feinde. Die meisten in der Stadt gehaltenen Hunde werden – schon der Autos wegen – an Leinen ausgeführt. Überdies werden Hunde überwiegend tagaktiv gehalten, während Füchse mehr nachtaktiv sind.

Siedlungen und Städte bieten aber noch weitere Vorteile, nämlich klimatische. Es ist im Winter immer um ein paar Grade wärmer als draußen in der Landschaft. An geschützten Unterschlupfmöglichkeiten fehlt es auch nicht.

Die Zahl der Stadtfüchse – niemand kennt ihre Zahl wirklich – scheint jedenfalls enorm zu sein. In London werden um die 10.000 vermutet. In Zürich schätzt der kantonale Wildhüter Dräyer den Bestand auf 1.200 Tiere, und in Berlin werden 3.000 Füchse angedacht. Das alles sind Vermutungen, exaktes Wissen fehlt. In Dörfern haben es Füchse übrigens signifikant schwerer als in Städten. Hier müssen sie viel eher mit heimtückischen Fallen rechnen, ebenso mit „Heckenschützen". Insgesamt aber lebt es sich im urbanen Bereich, egal ob Dorf, Wohnsiedlung oder Stadt, sicherer als draußen in der Landschaft.

Ein Fuchs auf dem Autodach.

Der Fuchs mag einer gut verblendeten Falle misstrauen, ein im Wald abgestelltes Auto untersucht er hingegen schon einmal.

Durchaus zivilisiert

Füchse sind nicht die einzigen Wildtiere, die mit uns ganz offensichtlich besser umgehen können als wir mit ihnen. Doch sie gehören ganz sicher zu den großen vierbeinigen „Denkern". Sie erkennen ziemlich genau, wer von uns ihnen gefährlich werden könnte, und das müssen nicht unbedingt Jäger sein. Während Jäger aus scheinbar rationalen wie aus rein emotionalen Gründen Füchse zur Beute machen wollen, erweisen sich Nichtjäger mitunter als ziemlich irrationale Gegner. Sie schießen nicht unbedingt, aber sie werfen mit Steinen oder Stöcken oder spritzen mit dem Gartenschlauch. Füchse haben auch „technisches Verständnis". Sie kapieren schnell, dass Menschen hinter Glasscheiben so harmlos sind wie ein Gorilla im Zoo, oder dass Menschen einfach größere Löcher benötigen, um hindurchzukommen, als sie selbst. Dazu ein paar kleine Beispiele.

Viele Jahre hatten wir noch ein Haus im Allgäu draußen, droben auf dem Berg in der Einöde. Natürlich kamen die Füchse Sommer und Winter Nacht für Nacht ans Haus. Im Winter, wenn Schnee lag und der Mond schien, schauten wir abends immer wieder einmal durchs Fenster in die nächtliche Landschaft hinaus. Da konnte es sein, dass wenige Meter vorm hell erleuchteten Fenster der Fuchs im Schnee stand und uns in aller Ruhe zuschaute, ehe er seinen Weg ohne Eile fortsetzte. Da das Haus am Hang stand, betrug der Abstand von uns zum Fuchs manchmal kaum mehr als drei Meter. Den ließ das kalt; was sollte schon passieren, das Fenster war ja geschlossen.

Auch das WC lag hangseitig. Wenn ich es in der Nacht aufsuchte, anschließend die ziemlich laute Wasserspülung betätigte und das kleine Fenster öffnete, stand manchmal wenige Meter entfernt der Fuchs und schaute mich gelassen an. Dann durfte ich in ruhigem Ton sogar mit ihm reden, ohne dass er flüchtig wurde. Er wusste wohl, dass das Fenster etwas klein dimensioniert war und ums Haus ohnehin nicht geschossen wurde.

Ähnliches erlebten wir auch in unserem alten Forsthaus im Gießwald. Als dort unsere beiden Hunde über Nacht noch in ihren Zwingern waren, vergruben sie manchmal Knochen direkt am Gitter. Dann kam am Abend der Fuchs und versuchte die Knochen von außen auszugraben, was ihm natürlich nie gelang, weil das Gitter in den Boden eingelassen war. Am Anfang mochten die Hunde wütend an den Zaun gefahren und der Fuchs zurückgeschreckt sein. Bald hatten aber beide Parteien die Unerbittlichkeit des Maschengitters erkannt. Die Hunde blieben knurrend in ihren Hütten, und der Fuchs – nicht um die Qualität des Gitters wissend – grub ebenso eifrig wie sinnlos.

Im Gießwald wurden die Füchse intensiv am Bau und am Luderplatz bejagt – ausschließlich im Winter. Sommerfüchse zeigten daher wenig Scheu. Es war später Juni. Ich saß abends auf der „Fünferkanzel“ und wartete auf Rehwild. Da erschien in den abgemähten Wiesen eine Fähe mit einem Bündel Mäuse im Fang, legte diese ab und setzte ihre Birsch fort, bis sie von meinem unter der Kanzel angebundenen Terrier Wind bekam. Sie setzte sich auf die Keulen und sicherte einige Zeit herüber, kam dann aber neugierig näher. Der Terrier hatte sie inzwischen entdeckt, setzte sich auf und knurrte. Einen Moment schien die Fähe im Begriff zu flüchten, behielt dann aber doch die Nerven und kam langsam näher. Ein Hund, der böse knurrt und dennoch nicht angreift oder wenigstens näherkommt, der musste nach ihrer Einschätzung wohl Angst haben oder angebunden sein!

Auch wenn es ein Teil der Leser als Jägerlatein abtut, aber die Fähe stand schließlich weniger als zehn Meter vor der Kanzel, setzte sich auf die Keulen und beäugte mit schräggehaltenem Kopf den angebundenen Terrier. Dieser zitterte zwar am ganzen Körper, sprang aber nicht in den Riemen. Schließlich erhob sich die Fähe und schnürte wieder in die Wiesen hinaus. Mich aber ritt der Teufel und ließ mich mäuseln. Sofort riss es die Fähe; wieder saß sie auf den Keulen, äugte zum Terrier, wieder kam sie näher. Nochmals mäuseln durfte ich jetzt nicht mehr, dazu war sie schon zu nahe. Also ging ich zum Vogelgezwitscher über. Sie äugte zwischendurch zu mir herauf, entdeckte mich aber nicht. Aus dem Abendlied der Singdrossel wurde schließlich „Ännchen von Tharau“, gefolgt von einem bunten Potpourri volkstümlicher Lieder. Zunächst merkte die Fähe den Wechsel nicht. Aber dann kam ihr der „Vogelsang“ doch irgendwie spanisch vor. Sie erhob sich, ging zunächst einmal auf Distanz. Schließlich holte sie in aller Ruhe die abgelegten Mäuse und verschwand im Wald.

Der Zwingerfuchs

Ein letztes Beispiel, das zeigt, wie gut der Fuchs Menschen einzuschätzen weiß, muss der Leser noch ertragen: Vor vielen Jahren, im Sommer, bejagte ich mit einem Freund zusammen ein kleines Revier auf der anderen Seite unseres Berges. Am Rande des nur wenige Häuser zählenden Dorfes lagen eine Fremdenpension und dabei ein Spielplatz für die Kinder der Gäste. Eines Abends, es war noch lange hell, erschien, als die Urlauberkinder den Spielplatz verlassen hatten, ein Fuchs. Er interessierte sich für die zurückgelassenen Spielzeuge, schnupperte an Schaukel und Klettergerüst, machte es sich schließlich gemütlich und genoss den lauen Sommerabend. Jeder mochte ihn. Nur als er begann, neben der Haustür abgestellte Schuhe mit in den Wald zu nehmen, wurde ihm das verübelt.

Gäste und Personal schauten ihm vom Gastzimmer aus bei geöffneten Fenstern zu, zuerst peinlich darauf bedacht, nicht entdeckt zu werden, schließlich völlig unbefangen. Irgendwann erhob sich Reineke und schnürte weiter. Dieses Spiel wiederholte sich nun fast jeden Abend, und der Fuchs wurde zur Attraktion für die Gäste. Mit der Zeit akzeptierte es der Fuchs auch, wenn die Gäste ohne großen Lärm auf der Bank vorm Haus saßen.

Diese wiederum verwöhnten ihn mit Wurstscheiben, Käserinden und Brotresten vom Abendessen.

Das ging so lange, bis in der Tageszeitung wieder einmal die Gefahr durch den Fuchsbandwurm beschworen wurde. Also rief der Wirt, gegen den Protest seiner Hausgäste, meinen Freund Manfred an, er möge den Fuchs doch schießen. Der war gerade mit Melken beschäftigt, holte aber dennoch sein Gewehr und fuhr zum Gasthaus. Doch kaum, dass er den Wagen parkte, suchte der Fuchs das Weite. Manfred schoss ihm noch nach, fehlte jedoch und fuhr wieder seiner Melkmaschine zu. Kaum aber war er fort, kam der Fuchs zurück und inspizierte den Spielplatz. Der Wirt hob einen Stein auf, warf nach ihm und fluchte, Reineke aber schnappte sich ein kleines, gelbes Sandschäufelchen und verschwand.

Wie hat der Fuchs, der vor Menschen, geschweige denn vor in den Hof rollenden Autos keinerlei Scheu zeigte, gemerkt, dass gerade dieses eine Auto gefährlich war? Warum kam er nach dem Schuss zurück, um auf dem Spielplatz wie gewohnt den Abend zu genießen? Tollwut? Nein, so rational handelt kein tollwütiger Fuchs, ganz abgesehen davon, dass weder vorher noch nachher ein Tollwutfall auftrat.

Viel Nahrung – hohe Vermehrung

Füchse sind r-Strategen, wobei das „r“ für Reproduktion steht. Wichtigstes Merkmal der r-Strategen sind große Schwankungen bei der Vermehrung, in Abhängigkeit vom Nahrungsangebot. Beim Fuchs, der in der freien Landschaft lebt, entscheidet vor allem das Feldmausangebot über den Zuwachs. Hohe Niederschläge im Frühjahr und Frühsommer oder gar Überschwemmungen fluten die Baue der Mäuse und lassen viele ertrinken. Damit wird es für den Fuchs schwierig, seine Welpen zu ernähren, beziehungsweise es wird für diese schwierig, sich selbst aus-

Welpen vorm Bau.
Das Nahrungsangebot entscheidet nicht nur über die Zahl der geborenen Welpen, sondern noch mehr darüber, wie viele den ersten Sommer überleben.

reichend Nahrung zu beschaffen. Ist es im selben Zeitraum jedoch trocken, reproduzieren die Mäuse ungeheuer, denn sie gehören selbst zu den r-Strategen. In solchen Jahren überleben auch sehr viele Jungfüchse. Ein „guter Start“ der Mäuse – insbesondere der Feldmäuse – wirkt das ganze Jahr hindurch, weil Mäuse bereits im Alter von wenigen Wochen selbst reproduzieren. Daher kann es in trockenen Jahren zu einer regelrechten Explosion der Mäusebestände kommen. Allerdings brechen die Feldmauspopulationen, auch unabhängig von großen Niederschlagsmengen, regelmäßig alle paar Jahre zusammen.

Kurze Lebenserwartung

Eine kurze Lebenserwartung – auch das ist ein Merkmal aller r-Strategen, von der Feldmaus bis zur Wildsau. Die Feldmaus bringt schon im Alter von rund fünf Wochen erstmals Junge zur

Welt, und ihre Tragzeit dauert nur 21 Tage. Ein Wurf besteht aus zehn und mehr Jungen, und schon bald nach dem Werfen nehmen die Mäuseweibchen neuerlich auf. So kommt es zyklisch – meist so alle drei Jahre – zu einer Gradation der Feldmäuse, einer Massenvermehrung, und in der Folge auch der Füchse. Alt werden die Mäuse jedoch nicht. Meist bricht eine Gradation noch im selben Jahr durch Hunger, Stress oder auch durch große Niederschlagsmengen im Spätsommer, Herbst oder Winter zusammen. Die Lebenserwartung einer Feldmaus liegt deutlich unter einem Jahr, ist also sehr niedrig.

Die hohe Abhängigkeit des Fuchses von der Feldmaus drückt auch die durchschnittliche Lebenserwartung des Fuchses selbst, weil in mäusearmen Jahren viele Jungfüchse noch vor ihrer Selbstständigkeit sterben. Jeder passionierte Fuchsjäger weiß, dass nicht nur die winterlichen Fuchsstrecken schwanken, sondern auch das Verhältnis von Jung- zu Altfüchsen. In manchen Jahren waren bei mir von fünf im Winter erlegten Füchsen bis zu vier aus dem jeweiligen Jahr. Das waren „gute“ Fuchsjahre, in denen viele Jungfüchse überlebten. Es gab aber auch Jahre mit einem auffallend hohen Anteil an Altfüchsen, einfach weil nur wenige Jungfüchse überlebt hatten.

In freier Wildbahn werden Füchse selten älter als fünf Jahre. Daher erlegt oder fängt auch der erfolgreiche Jäger selten einen wirklich alten Fuchs mit abgenutzten Fangzähnen. Angenommen,

Verluderter Fuchs.
Viele Füchse verenden an Krankheiten oder durch Gift, das sie mit Kleinnagern aufnehmen.

eine Fähe wird fünf Jahre alt und hat jedes Jahr einen Wurf mit im Schnitt nur vier Welpen, dann sind das zwanzig geborene Nachkommen. Wenn von diesen zwanzig 18 noch vor Vollendung ihres ersten Lebensjahres sterben, haben die Fähe und der beteiligte Rüde den Arterhalt dennoch gesichert. Noch eine Bemerkung am Rande: Nicht jede Fähe bringt unbedingt jedes Jahr Welpen zur Welt. Es kann auch vorkommen, dass eine Fähe einmal aussetzt.

Schnelle Entwicklung

Ein anderes Merkmal der r-Strategen ist ihre rasche Entwicklung, von der Geburt bis zur Selbstständigkeit und Geschlechtsreife. Wir haben gehört, dass Feldmäuse schon im Alter von etwas mehr als einem Monat erstmals reproduzieren. So schnell

Jungfuchs und Hase.

Der Hase hat vor dem Jungfuchs bestimmt keine Angst, wohl aber dieser vor ihm. – Fuchskinder entwickeln sich schnell und werden rasch selbstständig.

sind Füchse nicht, wohl aber bringen die Fähen, wenn sie gerade einmal ein Jahr alt sind, erstmals selbst Junge zur Welt. Das setzt eine sehr schnelle Jugendentwicklung voraus.

Nach rund einem Monat verlassen die Welpen den Bau. Zu diesem Zeitpunkt hat sich zwischen den Geschwistern bereits eine Hierarchie entwickelt. Spätestens nach sechs Wochen ernähren sie sich komplett ohne Milch. In diesem Alter begleiten sie ihre Mutter bereits bei der Nahrungssuche, und im Juni sind sie schon ohne Mutter unterwegs, gelegentlich sogar alleine. Die Abwanderung der Jungrüden aus dem elterlichen Revier beginnt bereits im September des ersten Lebensjahres.

So schnell sind Rehkitze längst nicht. Die meisten werden ein Jahr lang geführt und leben auch dann noch in der Nähe ihrer Mütter. Bis weibliche Rehe erstmals selbst Nachwuchs zur Welt bringen, sind sie fast ausnahmslos zwei Jahre alt. Noch langsamer erfolgt die Entwicklung beim Rotwild. Nur das Schwarzwild ist ähnlich schnell wie die Füchse, aber – auch das Schwarzwild gehört zu den r-Strategen!

Gejagter und Jäger

„Freie Radikale“

Ist der Jäger der erfolgreichste Gegner des Fuchses? Das Gegenteil ist der Fall. Seit das Niederwild mehr und mehr zurückgeht, schwindet auch das Interesse an der Fuchsbejagung. Zwar gibt es immer noch Radikalisten, die Jagd mit Vernichtung verwechseln, aber selbst diese haben auf die Fuchsbestände insgesamt wenig Einfluss. Dafür sorgt schon das Wanderverhalten der Jungfüchse. In den meisten Schalenwildrevieren wird der Fuchs jedoch kaum oder eher per Zufall geschossen. Früher mussten sich Jungjäger erst etliche Jahre mit der Raubzeugbekämpfung „verdientmachen“, ehe sie Rehe schießen durften. Heute sind die Schalenwildabschüsse in weiten Teilen Mitteleuropas so hoch, dass viele Revierinhaber froh um jedes erlegte Stück sind. Da muss der Jungjäger Geiß und Kitz nicht mehr laufen lassen, um auf den Fuchs zu warten.

Schon die nackten Zahlen zeigen uns, wo es langgeht. Im Jagdjahr 2014/15 erlegten in Österreich 134.416 Jäger 64.277 Füchse, das sind 0,47 Füchse pro Jäger. Wenn man jetzt – was eher tief gegriffen sein dürfte – davon ausgeht, dass die passionierteren Jäger im Schnitt 5 Füchse erlegen, dann wird klar, dass der weit größere Teil der Jäger überhaupt keinen Fuchs erlegt.

In Deutschland sind die Verhältnisse nicht wesentlich anders. Dort standen im Jagdjahr 2013/14 380.000 erlegten Füchsen (einschließlich Fallwild) 314.000 Jäger gegenüber, was grob gerechnet 1 Fuchs je Jäger bedeutet. Auch hier wird klar, dass die Mehrheit der Jäger kaum Interesse an der Bejagung des Fuchses hat. Dieses wächst jedoch immer dann fast exorbitant, wenn in einem Bundesland Jagdbeschränkungen auf den Fuchs zur Diskussion stehen.

Was aber sind dann die wirklich ernstzunehmenden Gegner der Füchse? Sie sind alle im Mikrobereich angesiedelt! Der bekannteste Gegner ist das Tollwutvirus, das nahezu weltweit zu finden ist, in Mitteleuropa aber keine nennenswerte Rolle mehr spielt. Das österreichische Bundesministerium für Gesundheit teilte 2015 mit:

> In Österreich und seinen Nachbarländern Schweiz, Liechtenstein, Italien und Tschechien wurde 2013 weder beim Menschen noch bei Tieren Tollwut nachgewiesen.

In Deutschland wurde nach derselben Quelle 2013 eine Person von einem tollwütigen Hundewelpen gebissen, welcher illegal aus Marokko importiert worden war. In unserem Nachbarland Ungarn wurde 2013 bei Tieren 43mal Tollwut diagnostiziert, jedoch fand keine Infektion bei Menschen statt.

Dass die Tollwut heute in Mitteleuropa praktisch erloschen ist, verdanken wir der Immunisierung der Füchse mittels Impfködern. Ihr wird auch das Anwachsen der Fuchsbestände zugeschrieben.

Nachdem die Tollwut die Dynamik der Fuchsbestände nicht mehr beeinflusst, gewann die Fuchsräude mehr und mehr an Bedeutung. Verursacher ist eine Grabmilbe, die hauptsächlich durch Direktkontakte verbreitet wird. Die Milben beschädigen die Haut, und es kommt zu Haarausfällen, häufig an der Lunte beginnend und im Endstadium dann am gesamten Körper. Die Räude endet mit dem Tod der befallenen Tiere. Da junge und schwache Tiere besonders anfällig sind, erkranken überwiegend Jungfüchse. Die Räude ist bei der Regulation der Fuchsbestände sicher erfolgreicher als der Jäger, zumal nicht wenige Füchse nur deshalb vom Jäger erlegt werden, weil sie Räudeträger sind.

Um eine Viruserkrankung handelt es sich auch bei der Staupe. Hunde werden regelmäßig gegen sie geimpft, Füchse nicht. In den letzten Jahren wurde diese fieberhafte Infektionskrankheit immer häufiger auch in Österreich bei Füchsen und Marder-

Räudiger Fuchs.
Meist beginnt die Räude an der Lunte. Bei diesem Fuchs waren zuerst Rücken und Keulen betroffen.

artigen festgestellt. Es gibt vier unterschiedliche Verlaufsformen, die überwiegend tödlich enden. Es wird vermutet, dass die Staupe von Haus- auf Wildtiere übertragen wird, dass sich aber auch eigenständige Infektionszyklen unter Wildtieren aufbauen können. Die Übertragung erfolgt durch Tröpfcheninfektion. Füchse, welche die Staupe überstanden haben, zeigen kein Krankheitsbild mehr, können aber weiterhin Viren ausscheiden. Die Ansteckung von Welpen und deren Verenden sind dann wahrscheinlich.

Gefiederte und behaarte Gegner

Jungfüchse fallen dem Steinadler und gelegentlich dem Uhu zum Opfer. In weiten Teilen Mitteleuropas fehlen diese beiden Arten jedoch. Doch selbst dort, wo beide vorkommen, dürften die Verluste, vor allem durch den Uhu, wenig Einfluss auf die Bestandsentwicklung der Füchse haben. Dies schon deshalb,

Steinadler und Fuchs.
Eine einmalige Aufnahme: Ein Steinadler, der im Begriff ist, im offenen Gelände oberhalb der Baumgrenze einen Fuchs zu schlagen.

weil der Uhu nur Jungfüchsen gefährlich wird und dies in einer Zeit, in der die natürliche Sterblichkeit ohnehin sehr hoch ist. Verluste durch den Uhu bewegen sich demnach im Bereich der kompensatorischen Sterblichkeit.

Erwachsene Füchse haben nur sehr wenige ernstzunehmende Feinde. Im alpinen Raum und in Skandinavien kommt der Steinadler in Betracht. Füchse sind jedoch, die Aufzuchtszeit ausgenommen, bei Tage kaum unterwegs, während der Adler in der Dämmerung und Nacht völlig inaktiv ist. Es ist folglich unwahrscheinlich, dass der Adler den Fuchs bei uns in irgendeiner Weise reguliert. Gleiches gilt für den Luchs, der durchaus gelegentlich einen Fuchs reißt. In den Nahrungsanalysen Schweizer und slowenischer Luchse wurden Füchse eher selten nachgewiesen. Der Luchs findet einfach Beutetiere, die zahlreicher und leichter zu reißen sind als Füchse.

Um noch einmal kurz auf den Adler zurückzukommen: Er wird gelegentlich sogar kleineren Jagdhunden gefährlich. Einem meiner Bekannten, damals Förster am Dobratsch, wurde vor seinen Augen der Jagdterrier vom Adler geschlagen und nach unten davongetragen.

Fuchs und Hauskatze

Hauskatzen reißen sicher keine Füchse, auch keine Jungfüchse. Aber thematisch passt irgendwie die häufig gestellte Frage hierher, wie sich Füchse gegenüber Hauskatzen benehmen. Denn fehlt auf dem Lande irgendwo eine Katze, gerät schnell der Fuchs in Verdacht, sie gerissen und gefressen zu haben. Abgesehen davon, dass Katzen sich sehr schnell auf einem Baum oder einer anderen erhöhten Position in Sicherheit bringen, wird man – wo diese Möglichkeit fehlt – eher erleben, wie eine Katze einen Fuchs zur Flucht treibt als umgekehrt. Auf dem Land draußen, wo sich Fuchs und Katze immer wieder begegnen, zeigen sich die meisten Katzen höchst gelassen. Beim Ansitz habe ich öfter beobachtet, wie sich Fuchs und Katze näherkamen, wobei die Katze höchst selten vorsorglich die Flucht ergriff oder Schutz auf einem Baum suchte. Eher blieben sie sitzen und machten, wenn der Fuchs tatsächlich näherkam, einen Buckel, fauchten oder machten auch einen Ausfall auf den Fuchs zu.

Viele Jahre nächtigte ich bei meinen zahlreichen Aufenthalten in Slowenien im mitten im Wald gelegenen Hotel Rakov Škocjan. Dort kam damals allabendlich ein Fuchs in den Hof, wo er vom Koch gefüttert wurde. Mehr als einmal stand ich mit einem Dutzend und mehr Exkursionsteilnehmern im Hof, ohne dass sich der Fuchs irgendwie vor uns gefürchtet hätte. Da gab es aber auch noch den wildfarbenen Hauskater, der am Abend immer wieder ums Hotel strich, um den Fuchs abzupassen und zu verprügeln. Vor dem hatte Reineke echt Schiss. Entdeckte der Kater den Fuchs, schoss er wie eine Furie in den Hof und hinter dem Fuchs her. Die unzähligen Raufereien hatten den Kater zwar beide Ohren gekostet, doch die ständige Angst war auf Seite des Fuchses.

Im Übrigen hat jeder Jäger schon Hauskatzen erlebt, die auch vor einem großen Vorstehhund nicht Reißaus nehmen und diesen bei Bedarf ordentlich verprügeln. Der Fuchs ist aber ungleich cleverer und vorsichtiger als die meisten Jagdhunde, ansonsten hätte er nicht überlebt.

„Prädator" Straßenverkehr

Stadtfüchse können sehr gut mit dem Straßenverkehr umgehen, sie schätzen herannahende Autos gut ein und lernen sogar, Fußgängerüberwege zu nutzen. Dennoch sind die Verluste in der Stadt hoch, einfach weil es unglaublich viele Autos gibt. Füchse der freien Landschaft tun sich da wesentlich schwerer. Sie fallen

Feind auf vier Rädern.

In der freien Landschaft fallen Füchse ziemlich häufig dem Straßenverkehr zum Opfer.

– wenn man sie in Relation zur Zahl der Autos setzt – diesen viel häufiger zum Opfer.

In Österreich wurden zwar 2014/15 offiziell nur 3.042 Füchse überfahren, doch dürfte die tatsächliche Zahl weit höher sein. Erstens bleiben nach einer Kollision längst nicht alle Füchse auf der Straße liegen, und überdies werden auch längst nicht alle zahlenmäßig erfasst. Zudem ist im Gebirge die Straßendichte abseits der Täler oft gering. Der Verkehr dürfte die Füchse außerhalb der Ballungsräume jedenfalls nicht wirklich regulieren.

Im Umland, nahe der größeren Städte, wo sowohl die Bevölkerungs- wie die Straßendichte hoch sind, kann der Straßenverkehr für den Fuchs vermutlich durchaus zum begrenzenden Faktor werden.

Einer, der wenig riskiert

Schauergeschichten über blutrünstige Füchse gibt es genug, und tatsächlich kommt es immer wieder vor, dass Füchse unter dem Hausgeflügel Blutbäder anrichten. Die Regel ist das nicht. Doch manchmal dringt der Fuchs in einen Hühnerstall ein und löst damit unter dem Geflügel Panik aus. Dann packt er zu, jedoch nicht, um möglichst viele Hühner zu töten, sondern in einer Art Schutzreaktion – er fühlt sich selbst bedroht. Es entsteht also auf beiden Seiten eine Panik. Zuweilen kommt es vor, dass die Sitzstangen im Hühnerstall gestaffelt angebracht sind und die auf der obersten Stange sitzenden Hühner völlig ruhig bleiben, während die unten sitzenden in Panik geraten. Sie flattern umher und werden vom Fuchs, der sich bedroht sieht, „stillgelegt".

Wir haben viele Jahre in einem einsam im Wald gelegenen Forsthaus gewohnt und mehr als einmal vergessen, die Falltür am Hühnerstall zu schließen. Der Fuchs kam zwar Nacht für Nacht an unser Haus, entsorgte die für ihn vor den Brunnen geworfenen Zerwirkabfälle und grub am Hundezwinger nach

Knochen, aber die Hühner hat er weitgehend ignoriert. Ein einziges Mal vergriff er sich an einem Perlhuhn, das am Abend nicht in den Stall ging und bei Tagesanbruch viel Lärm um nichts machte. Das haben Perlhühner so an sich. Doch letztlich war der Lärm keineswegs für nichts, eher für den Tod!

Es ist übrigens beim Marder nicht anders. Auch er „mordet" nur in Panik. Läuft ein Besuch im Hühnerstall „geordnet" ab, passiert oft gar nichts, denn in erster Linie sind es wohl die Eier, die ihn locken. Hierzu eine kurze Episode: Wieder einmal hatten wir vergessen, die Falltür zu schließen, und tatsächlich ging der Marder in den Stall. Er vergriff sich aber nicht an den offenbar ruhig auf ihren Stangen sitzenden Hühnern, sondern an den in Legenestern liegenden Eiern. Von denen holte er sich gleich zwei – Gipseier! Wir fanden sie später einmal im Wald, unweit des Hauses. Dass der Marder ausgerechnet sie davontrug, ist nachvollziehbar – sie rochen intensiver nach Huhn als die richtigen Eier!

Dass der Fuchs bei Gelegenheit eine auf ihrem Gelege sitzende Stockente „mitnimmt", dürfen wir annehmen. Aber weit zurückhaltender ist er, wenn ihn Haus- oder Graugänse anfauchen, und um Schwäne macht er ohnehin einen großen Bogen, ebenso um Kraniche.

Auch um Hauskatzen machen Füchse eher einen Bogen, das haben wir bereits gehört. In der Literatur wird uns der Fuchs oft als großer Feind der Murmeltiere dargestellt. Nun mag ich nicht in Abrede stellen, dass Füchse Murmeltiere erbeuten, vor allem Jungtiere. Ausgewachsene Murmeltiere sind dagegen ernsthafte Gegner, die sich vom Fuchs nichts gefallen lassen. Ihre langen Nagezähne sind gefährliche Waffen, ebenso ihre Krallen, und so mancher Fuchs wird davon ein Lied singen können. Gefährden wird der Fuchs einen Murmelbestand aber mit Sicherheit nicht.

Der Einfluss des Fuchses auf Rehkitze wird immer wieder überschätzt. Untersuchungen werden von der Jagdpresse, aber auch von manchen Wildbiologen oft völlig unreflektiert weitergegeben und verallgemeinert. Aber was auf irgendeiner norwegischen Insel zutraf, muss noch lange nicht allgemeingültig sein. In aller Regel weichen Füchse während der Ablegezeit der Kitze und manchmal auch in der übrigen Jahreszeit den Geißen aus. Wer schon etwas länger zur Jagd geht und nicht rund ums Jahr auf jeden Fuchs schießt, der in Anblick kommt, hat auch erlebt, wie der Fuchs von einer Rehgeiß verfolgt und gelegentlich mit den Vorderläufen verprügelt wird.

In Kärnten beobachtete ich in den ersten Julitagen ein Rotwildkalb, das sich vor mir in der Wiese abgelegt hatte. Es stand mehrfach auf und zog umher, um sich erneut abzulegen. Später streifte ein Fuchs durch die Wiese, kreuzte die Fährte des Kalbes und begann nach ihm zu suchen. Ich kämpfte mit mir: Sollte ich mich zu erkennen geben und den Fuchs verjagen oder dem Schicksal seinen Lauf lassen? Da fuhr, wie aus heiterem Himmel, eine etwa hundert Meter entfernt äsende und zuletzt den Fuchs beobachtende Rehgeiß auf diesen zu. Der aber brachte in Windeseile seinen Balg in Sicherheit. Ob die Geiß ihr Kitz in der Wiese liegen hatte oder ob sie den Fuchs des Kalbes wegen oder einfach aus einer schlechten Erfahrung heraus angriff, ließ sich nicht sagen.

Allerdings, auch dass müssen wir zugeben, es gibt durchaus Füchse, die sich auf den Raub von Kitzen spezialisiert haben und diese unter den Augen der Geiß schnappen und wegtragen. Wir sollten dabei nicht übersehen, dass Rehe heute keineswegs bedroht sind, eher ihr Verbreitungsgebiet noch ausdehnen, und wir Jäger mit der Erfüllung der Abschussvorgaben häufig überfordert sind.

Füchse und Jäger

Gift als weidgerechtes Jagdmittel

Bei keiner anderen heimischen Wildart wird so sehr die Widersprüchlichkeit der Jagd deutlich wie beim Fuchs. Keine Brutalität wurde ihm erspart, weder das Strychnin, noch die Quetschfalle, nicht einmal die Fuchsangel. Nur eines wurde auch dem Fuchs stets zugesichert – der weidgerechte Umgang mit ihm. Diese Aussage mag viele Leser befremden, einfach weil sie die „alten Zeiten" nicht mehr erlebt haben und weil sie ihr Wissen über den Umgang mit dem Fuchs eher aus aktuellen Zeitschriften denn aus alter Fachliteratur haben.

In seinem 1897 erschienenen Buch *Raubzeugvertilgung zum Zwecke der Wildhege* schrieb Oberförster W. Stach über die Verwendung von Strychnin:

> Die damit erzielten Erfolge waren nicht bloß in Bezug auf den Zweck befriedigend, sie gewährten auch einem weidmännischen Gewissen sehr bald die Befriedigung, dass sich die Anwendung des Giftes sehr gut mit dem weidgerechten Jagdbetrieb vereinigen lässt, ja, dass man bei Anwendung der richtigen Gattung Giftes den humanen Gesetzen weit mehr zu entsprechen vermag, als mit manchem Fangapparate.

Strychnin-Fläschchen.

Es ist noch nicht so lange her, dass das Gift als „weidgerechtes" Jagdmittel aus dem letzten Jagdgesetz verschwand.

Die Füchse mit Krähenaugen* zu fangen

Hier muss man sich in acht nehmen, dass nicht etwa ein guter Hund darüber komme. Denn alles, was blind geboren ist, muß von Krähenaugen sterben. Auch kann man diesen Fang nicht eher vornehmen, als wenn es friert. Er wird also gemachet:

Man nimmt Fleisch und schneidet dünne Scheiben, streuet eine Messerspitz Krähenaugen darauf und wickelt das Fleisch zusammen, es muss so groß werden als eine Schnellkugeln und legt die Küglein gleich hinaus, dass sie zusammenfrieren. Aber sehr wohl muß man sich in acht nehmen, daß keine Krähenaugen auswendig daran kommen, sonst schmeckt es der Fuchs und lässet sie liegen.

Wenn man nun den Fang vornehmen will, so körret man die Füchse an auf Plätzen. Wenn er denn nur ein- oder zweimal von Plätzen weggenommen hat, so werden die Kugeln mit den Krähenaugen erst den Tag, da man sie hinauslegen will, gemacht. Wenn sie steif gefroren, bestreicht man dieselben mit zerlassenem Gänsefett oder Butter, legt auf zwei oder drei Plätzen 8 bis 9 Stück von den Fleischkügelein. So bald er sie genommen und die Kügelein im Leib warm worden, wird ihm so übel, dass er nicht weit laufen kann, sondern crepiren muß.

Dieser Fang ist am besten, wenn Schnee ist, so er die Dosin zu schwach eingenommen und noch weit ginge, man ihn nach und nach ausmachen könne. Gestreift müssen sie aber bald verwertet werden, denn sonst gehen ihnen die Haare ab.

H. W. Döbel 1746

** Unter „Krähenaugen" versteht man die Samen der Brechnuss (Strychnos nux-vomica), eines in Südostasien beheimateten Baumes. Die Samen enthalten das Alkaloid Strychnin. Geringe Dosen können auch beim Menschen zum Tod führen. Im Mittelalter wurde das Gift gegen die Pest eingesetzt.*

Schon fünf Jahre zuvor, 1892, erschien vom Förster A. Gille ein anderes Buch zum selben Thema. Allerdings wurde dessen Herausgabe von der Haynauer Raubtierfallen-Fabrik finanziert. Die wollte Fallen verkaufen und war am Einsatz von Gift keineswegs interessiert. In diesem Buch lesen wir:

> Ein mittelgroßer Bauernfix *(gemeint ist damit ein mittelgroßer Hund)*, den ich eigentlich zum Totschießen bekam, erhielt fünf Brocken, wie sie für Füchse zubereitet werden, jeden mit einer starken Menge Gift. Mit der Uhr in der Hand wartete ich den Erfolg ab; erst nach 27 Minuten trat Starrkrampf ein, und es dauerte noch 4 Minuten bis zum Verenden. Also 27 Minuten im Ganzen, fast eine halbe Stunde; in solcher Zeit legt ein trabender Fuchs doch eine weite Strecke zurück.

Im *Steirischen Lehrprinz* lesen wir Jahre später noch eine Hymne auf das Strychnin:

> Es gehört zu den überwundenen Vorurtheilen, das Vergiften der Füchse und überhaupt des Schädlichen als unweidmännisch zu betrachten … und es sind gerade die besten Jäger und Heger, welche zu diesem Hilfsmittel ihre Zuflucht genommen und dadurch ihren Wildstand, besonders an Rehen, Hasen und Federwild, in glänzender Weise gehoben haben.

Der Leser wird diese literarischen Erinnerungen vielleicht „Urzeiten“ zuordnen. Tatsächlich aber war es durchaus noch die Zeit unserer Väter. Es waren jene, die uns heute Alten direkt Vorbilder und Lehrer waren, und nicht wenige von uns haben – wenn schon nicht das Strychnin, so doch jene Einstellung zum Fuchs – wieder an die heute jagende Generation weitergegeben. Übrigens wurde die Verwendung von Gift – durch das Reichsjagdgesetz verboten – in der Steiermark nach Kriegsende jedoch wieder erlaubt und bis 1986 praktiziert.

Die Strychnin-Produzenten waren natürlich zu allen Zeiten bemüht, das Gift als für den Menschen relativ harmlos darzustellen. So las man in einem Beitrag der Chemischen Fabrik E. Merck in Darmstadt:

> Von allgemeinem Interesse dürfte noch sein, daß nach den Angaben von Fröhner, Knudsen und Schneider das Fleisch von mit Strychnin vergifteten Tieren, wenn dasselbe küchengerecht zubereitet, somit auch von den Eingeweiden befreit worden ist, ohne Vergiftungsgefahr genossen werden kann.

Es ging dabei um die Verwertung vergifteten Raubwildes als Lebensmittel. Die Kerne von Füchsen, Dachsen und Katzen wurden damals ja ganz selbstverständlich der Küche zugeführt. Dass sie durch das Strychnin nicht ungenießbar wurden, war vor allem für jene Berufsjäger und Förster wichtig, die ihre Bälge abliefern mussten und nur das Wildbret behalten durften.

Dieses Bild des Fuchses hat in den letzten ein oder zwei Jahrhunderten auch ganz entscheidend die Einstellung des Gesetzgebers zu ihm geprägt. Füchse genossen bis in die jüngste Vergangenheit keinerlei Schonzeit. Es dauerte bis in die zweite Hälfte des 20. Jahrhunderts, ehe zumindest der Fähe ein Minimalschutz während der Jungenaufzucht gewährt wurde – zumindest auf dem Papier.

Allerlei Fallen

Zimperlich war die Jägerei im Umgang mit Raubwild nie, schon gar nicht, was die Verwendung von Fallen betraf. Heute ist die Verwendung von Totschlagfallen in den österreichischen Bundesländern stark reglementiert und eingeschränkt, in Deutschland ebenso. In vielen unserer Nachbarländer sind diese Foltergeräte schon lange völlig verboten. Bis in die erste Hälfte des 20. Jahrhunderts hinein durfte jedes Gerät jedoch ungeprüft verwendet werden. So ziemlich das grausigste unter ihnen war die sogenannte „Fuchsangel".

Wir wollen die Jäger der damaligen Zeit nicht so mir nichts, dir nichts verdammen. Sie handelten nicht nur im Geiste ihrer Zeit, es war auch die Jagdwissenschaft, die ihnen empfahl und dasjenige rechtfertigte, was wir heute als abscheulich bezeichnen. So gibt Johann Matthäus Bechstein in seinem 1820 erschienenen Lehrwerk *Die Forst- und Jagdwissenschaft nach allen ihren Theilen für angehende und ausübende Forstmänner und Jäger* die folgende Empfehlung hinsichtlich der Fuchsangeln:

Diese Fangeisen für Füchse sind später in Gebrauch gekommen, als die Schwanenhälse, Teller- und Tritteisen. Es sind aber derselben schon fünferley Arten bekannt. Sie gehören zwar unter die grausamen Fangarten, da sich der Fuchs, wenn er nach dem Köder oder Brocken springt, in dem Rachen fängt, und sich todt zappeln muß; allein sie sind doch empfehlenswert, denn 1) fangen sie den Fuchs sicher, so bald er nur danach springt, 2) kann er sich nicht losreißen oder beißen oder das Eisen fortschleppen, 3) braucht man nicht die großen Vorbereitungen, wie bey mehreren Fangarten; außerdem finden 4) die Diebe diese nicht so leicht, oder halten das Stehlen derselben nicht so der Mühe werth, wie die Berliner- und Tritteisen, und 5) kann man für den Preiß eines einzigen von diesen ein Duzzend und darüber Fuchsangeln kaufen.

Die Fallen, die heute noch legal und meist mit Auflagen verbunden verwendet werden, sind im Vergleich zu früher gebräuchlichen Fallen relativ harmlos. Aber eben nur relativ, weil sie immer noch keineswegs so sicher töten, wie immer wieder behauptet wird, und weil sie schon überhaupt nicht selektiv fangen! Wer den Schwanenhals im Bunker aufstellt, fängt keinen Fuchs. Wer ihn offen aufstellt, etwa ganz klassisch im Quellbach, der fängt auch regelmäßig den Bussard, auch wenn er den Köder noch so sorgsam abdeckt. Im Schwanenhals fängt sich – recht qualvoll,

Vierhakige Fuchsangel.

Die Enden wurden zusammengedrückt und in einen Köderbrocken gesteckt. Wenn der Fuchs diesen schnappte, löste sich eine Feder und drückte die vier mit Widerhaken versehenen Arme auseinander und dem Fuchs in den Rachen.

weil mit der Brante – der Waschbär, die Wildkatze, der Jagdhund, gelegentlich der Fischotter und sogar das Wildschwein. Die Zahl der Kinder, Spaziergänger und Pferde, die sich schon im Schwanenhals fingen, sind Legende. Im Deutschen Bundesland Nordrhein-Westfalen fing sich sogar ein Kreisjägermeister – und starb darin an Herzversagen!

Angeblich ist das alles gar nicht möglich, weil der Abzug nicht auf Druck, sonder ausschließlich auf Zug reagiert. Wenn aber ein Mensch beim Gehen, mit der Schuhspitze, auch nur geringfügig unter den Teller gerät, wird dieser hochgedrückt, und die Bügel werden freigegeben.

In den Hochlagen wurde der Schwanenhals zumindest früher der längst ganzjährig geschonten Steinadler wegen aufgestellt; und waren die Kolkraben nicht schneller, fingen sich die Adler ziemlich sicher im Eisen.

Was den Fang von Schwarzwild betrifft, so darf ich – wie bei den Greifvögeln – auf eigene Erfahrungen zurückgreifen. Irgendwann in den späten 1970er-Jahren hatte ich einen Schwanenhals in einem Fichtenstangenholz liegen. Absolut kein optimaler Fangort, den ich aber bewusst wählte, um den Bussard auszuschließen. Eines Tages war das Eisen verschwunden. Ich hatte die Kette um eine Fichte geschlungen und mit Draht zusammengebunden. Weder Fuchs noch Dachs waren in der Lage, die Verbindung zu zerreißen. Die Sache war mehr als rätselhaft. Lange, lange später fand einer unserer Holzhauer bei Durchforstungsarbeiten Skelettreste einer Sau. Ober- und Unterkiefer waren noch von einem Schwanenhals umklammert!

Dass sich im Schwanenhals gelegentlich auch Schalenwild fängt, das dann meist qualvoll verendet, ist nicht neu. Viele meiner Berufsjägerkollegen berichteten darüber, wenn auch nur intern. Forstmeister Alexander Schmook – in den ersten Nachkriegsjahrzehnten wohl einer der bekanntesten Jagdautoren Westdeutschlands und erfolgreicher Fuchsjäger – berichtete in seinem Werk *Der Fuchs* von einem Rotwildkalb, das sich in einem ein-

Es kann gar nicht genug darauf hingewiesen werden, dass die Gefährlichkeit des Schwanenhalses eine vielseitige Verwendung ausschließt, im Interesse der öffentlichen Sicherheit. ... Im Allgemeinen muß in unseren Jagdgründen von der Verwendung nur abgeraten werden, zumal auch dieses schwere Eisen nicht immer Totfänge liefert.

Alexander Schmook 1937

gezäunten Garten im Dorf im Schwanenhals fing. Es entkam samt Schwanenhals am Lauf über einen Zaun und wurde erst Wochen später weit entfernt und nahezu skelettiert, aber noch mit dem Eisen am Laufknochen gefunden.

Wer in unseren überlaufenen Revieren und in einer Zeit, die der Jagd so kritisch gegenübersteht wie der heutigen, immer noch solche Marterinstrumente verwendet, fährt die Jagd an die Wand!

Ende des vergangenen Jahrhunderts wurden die Röhrenfallen populär. Sie bestehen aus Betonrohren, von denen mehrere

Betonrohrfalle.

Betonrohrfallen fangen zuverlässig unverletzt. Sie können im Boden versenkt oder einfach auf den Boden gestellt und verblendet werden.

aneinandergesetzt werden. An beiden Enden befindet sich je ein Schieber und in der Mitte ein Auslösemechanismus. Diese Fallen können in die Erde eingebaut, aber auch einfach auf den Boden gestellt und mit Laub oder Reisig abgedeckt werden. Sie sind unauffällig, halten „ewig" und fangen sehr gut.

Entgegen allen anderslautenden Behauptungen nehmen selbst Altfüchse auch Kastenfallen an. Diese müssen nur entsprechend groß sein und am richtigen Platz aufgestellt werden. Gute Fangplätze sind an Kulturzäunen, unter Brücken oder an den Außenwänden von Jagdhütten, wo man sie am besten unter einen Bretterstapel schiebt. Der Nachteil aller Lebendfallen ist, dass sie morgens und abends kontrolliert werden müssen. Doch wer verantwortungsbewusst fängt, der muss die „Totschlagfalle" erst recht täglich kontrollieren. Häufig aber wurden die Totschlagfallen am Wochenende gestellt und erst eine Woche später kontrolliert …

Allerlei Lockmittel

Seit jeher versuchten Jäger, den Fuchs mit allerlei Lockmitteln zu überlisten. Sie beträufelten Köderbrocken, rieben damit die Bügel der Fangeisen ein oder versuchten damit Luderplätze und Bau für den Fuchs interessant zu machen. Ob die nach alten oder vielfach auch selbst erfundenen Rezepten hergestellten Wundermittel auch alle Wunder bewirkten, sei dahingestellt. Eines haben sie sicher: Unterhaltungswert.

Lassen wir an dieser Stelle den alten Heinrich Wilhelm Döbel zu Wort kommen, einen der ganz großen Jäger seiner Zeit. Er empfahl in seinem Werk *Jäger-Practica* 1746 eine ganze Reihe vorzüglich wirkender Tinkturen, alle problemlos selbst herzustellen. Wir wollen hier nur das einfachste Rezept dem geneigten Leser empfehlen:

– Butter oder Gänsefett
– Alfranken, eine gute Hand voll (*Alfranken oder Mäuseholz = Bittersüßer Nachtschatten – Solanum dulcamara)*
– Violenwurzel, so viel 3 mal zwischen drei Finger gehet
– Kampher, Wachs, und wenn sie ausgedrückt, etliche Tropfen von einem frischen Pferdeapfel hinein getröpfelt

Die frischen Pferdeäpfel zum Auspressen werden heute, wo der Reitsport boomt, auch dem städtischen Jäger zugänglich sein. Mehr Schwierigkeiten macht die Verarbeitung der Ingredienzien. Schuld sind die geänderten Wohnverhältnisse, die durchwegs unguten Nachbarn und nicht zuletzt eigenwillige Ehefrauen, die sich oft gegen das jagdlich Sinnvolle und Notwendige, so es in der Küche stattfinden soll, auflehnen:

> Man nehme einen neuen Tiegel und siede ihn erst mit reinem Wasser aus, lasse ihn wieder trocken werden, nehme die Butter, lasse sie im Tiegel zergehen und abgeschäumet, lasse sie aber nicht braun werden. … Von Alfranken oder Mäuseholz wird vorher die graue Rinde oben subtil abgeschabet und weggeworfen, hernach die grüne auch abgeschabet und in die Butter oder das Fett nebst denen anderen Speciebus zugleich hinein gethan, außer dem Kampher und Wachs, welches nicht zugleich hinein kommen, allesamt mit einem reinen Hölzlein fleißig umgerühret, dass sie nicht brandig werden, sonst ist sie nichts nütze. Wenn nun die Species etwas in Butter oder Fett gebraten, so thut man den Kampher auch dazu und lässt es braten, bis es anfänget bräunlich zu werden, nimmt einen reinen Leinwandlappen, dringet den Saft heraus, schabet ein wenig Wachs hinein, nur darum, dass es ein wenig steif werde …

Die Empfehlungen gehen noch weiter, doch wir wollen abkürzen. Nun, ich bin relativ glücklich verheiratet und habe eine der Jagd sehr gewogene Gattin an meiner Seite. Ob sie mir diese Brutzelei in der Küche durchgehen ließe oder eher zu Globuli raten würde, bedarf noch der Klärung.

Der alte Döbel ist längst vermodert, aber auch unsere Großväter handelten zu Beginn des 20. Jahrhunderts mit solchen und ähnlichen Rezepten. Viele hatten gebratene Hauskatzen als Hauptbestandteile. Heute gibt es zeitgemäßere Designs, erhältlich im Handel und in sauberen kleinen Glasgebinden. Ihre Wirkung ist dokumentiert – zumindest für die Hersteller. Tatsächlich wirksam ist nur ein kostenlos erhältliches Naturprodukt, der Urin der ranzigen Fähe, doch darüber auf Seite 151 mehr.

Der Urin des Fuchses ist heute sogar im Handel erhältlich, doch was heißt schon „heute" – seit fast einem Jahrhundert! Doch egal, was sich in dem Fläschchen befindet und wie intensiv es stinkt, wir sollten die Füchse darüber informieren, dass es für sie gedacht ist …

Technik gegen Geist

„Technik gegen Geist" – mit diesen drei Worten lässt sich das Wesen der Fuchsjagd zusammenfassen. Der Jäger versucht, den Fuchs mit Hilfe umfangreicher Technik zu erbeuten, und der Fuchs versucht mit Hilfe seiner Erfahrung und seines Geistes zu überleben. Natürlich wird an dieser Stelle Widerspruch laut, weil Tieren und somit auch dem Fuchs Geist und Denkvermögen abgesprochen wird. Tiere handeln, so wird immer noch behauptet, weitgehend instinktiv. Man billigt ihnen inzwischen zwar großzügig zu, aus Situationen zu lernen beziehungsweise sie zu vermeiden, aber „Denken" wird auch von der Wissenschaft nur dem die Erde ruinierenden Menschen zugestanden. Ich will an anderer Stelle noch sagen, was mich veranlasst, gerade dem Fuchs Denkvermögen zuzubilligen.

Stellen wir uns den nackten Jäger vor, der versucht, mit nichts anderem als seinen Händen, eventuell noch Steinen oder Prügeln, einen Fuchs zu erbeuten. Wäre er darauf angewiesen, würde er ganz schnell wieder zum Aasfresser und Vegetarier. Nichts von dem, was uns angeboren ist, hilft, einen Fuchs zu erbeuten – nicht unsere Gehwerkzeuge, nicht unsere Hände und

Wanderer und Fuchs.
Solange Füchse mit dem Menschen keine schlechten Erfahrungen gemacht haben, werden sie unglaublich vertraut.

schon gar nicht unser Gebiss. Auch unser Geruchsinn, unsere Augen und die Ohren reichen gerade fürs Joggen und Fernsehen … Wir kompensieren den weitgehenden Nichtbesitz jagdtauglicher Körpereigenschaften mit Kleidung, Optik und Schießtechnik. Wenn wir jetzt noch in der Lage und überhaupt willens sind, unser Verhalten aus der Sicht des Fuchses zu sehen und entsprechend zu handeln, können wir jagdlich erfolgreich sein.

Ein kleines Beispiel

Schon seit Jahrzehnten verzichte ich auf den Abschuss von Sommerfüchsen. Dabei bin ich mir bewusst, dass es eine ganze Reihe von Situationen oder Reviere gibt, in denen der Jäger hierzu genötigt wird. Ich sehe im Abschuss von Sommerfüchsen auch keine Gefahr für den Fuchsbestand. Erstens stirbt ein Großteil der Jungfüchse so oder so, zweitens wird ein eventuelles Vakuum im Herbst wieder durch Zuwanderer aufgefüllt. Wenn es aber so oder so ziemlich sinnlos und der Gesellschaft kaum zu erklären ist, warum soll ich dann überhaupt Sommerfüchse schießen und in den Container werfen? Nur, um dem Ansehen und der Glaubwürdigkeit der Jagd zu schaden?

So – diesem meinem Grundsatz bin ich Mitte der 1980er-Jahre einmal untreu geworden. Damals bereitete ich unseren Wachtelhund auf die Prüfung vor, und dazu gehörte auch das Bringen des Fuchses auf der Schleppe. Typisch für solche Situationen ist, dass man gerade dann keinen Fuchs bekommt und die Zeit davonrennt. Aber da waren ja noch unsere Hausfüchse. Die kamen jeden Abend nach Einbruch der Dunkelheit ans Forsthaus, um nach Zerwirkabfällen Ausschau zu halten. In jenen Jahren wurden bei uns so zwischen 75 und 80 Rehe zerwirkt und großteils auch noch ausgebeint. Die kompletten Zerwirkabfälle warfen wir einfach neben den Brunnen, wo sie absolut zuverlässig in der ersten Nacht von den Füchsen entsorgt wurden. Nie blieben Knochen, ein Schädel oder Läufe bis zum Morgen liegen.

Da kam ich eines Abends vom Ansitz zurück. Es war noch nicht völlig dunkel und am Brunnen bereits ein Fuchs bei der Nachschau. Da tat ich, was bis dahin und danach immer tabu war: Ich hielt an, öffnete die Fahrertür und schoss auf den Fuchs – fehlte ihn jedoch. In den folgenden drei Wochen blieben die Zerwirkabfälle völlig unberührt und mussten von uns selbst entsorgt werden.

Es war aber unmöglich, dass dieser eine gefehlte Fuchs vorher alle Abfälle alleine entsorgt hatte. Schließlich waren es manchmal an einem Tag drei und mehr Rehe. Drei Rehschädel, zwölf Läufe samt Blutergüssen, zerschossenen Teilen, Knochen und Lungen konnte ein Fuchs unmöglich in einer Nacht verarbeiten. Es mussten mehrere Füchse beteiligt gewesen sein. Das bedeutet aber auch, dass der beschossene Fuchs nicht nur für

Unser altes Forsthaus im Gießwald.
Die Füchse übernahmen hier durch zehn Jahre hindurch die „Abfallbeseitigung".

sich die richtigen Konsequenzen zog, sondern seine mit mir gemachte Erfahrung auch weitergab! Wie Füchse kommunizieren, ob mit Lauten, mit Gesten oder einfach durch ihr Verhalten, ist unklar, aber dass sie es tun, steht für mich außer ernsthafter Diskussion!

Und noch ein Beispiel

Dass ich irgendwann begann, Fallen entschieden abzulehnen, hat nichts damit zu tun, dass ich mit der Zeit gehen, mich ihrem Geist anpassen wollte. Es waren die Erfahrungen, die ich als Berufsjäger mit diesen Folterinstrumenten gemacht hatte. So ziemlich am Ende meiner „Trapperkarriere" legte ich im Gießwald einen Schwanenhals in einen kleinen Quellbach. Ich hatte dort schon einige Zeit hindurch am Ufer und auf ins Wasser gelegten Steinen mit geräucherten Forellenköpfen geludert, und die Brocken wurden gut angenommen. Meist warf ich sie am

Abend auf dem Weg zum Forsthaus aus; am anderen Morgen waren sie weg. So konnten Bussard und Rabenvögel ausgeschlossen werden.

Irgendwann im November kam etwas Schnee, und in dem standen Morgen für Morgen frische Fuchsspuren. Also legte ich den Schwanenhals. Das Wasser überspülte das Eisen; die Trittsteine ragten heraus. Der Fuchs besuchte den Fangplatz auch weiterhin Nacht für Nacht. Er nahm die kleinen Kirrbrocken, die ich am Ufer verstreute, ebenso jene auf den Trittsteinen. Nur den Köder auf dem Teller des Eisens rührte er nicht an. Den verschmähte er auch dann noch, als ich keine Kirrbrocken mehr anbot. Dieser Fuchs mochte mit dem Menschen oder insbesondere mit dem Jäger schon viele Erfahrungen gesammelt haben, aber einen Schwanenhals hatte er sicher noch nicht ausgelöst. Also konnte sein ablehnendes Verhalten weder rein instinktgesteuert sein, noch auf bloßer negativer Erfahrung beruhen. Der Fuchs musste sich – in unserem menschlichen Sinne – Gedanken gemacht haben!

II

Die Jagd auf den Fuchs

Am Luderplatz

Wo?

Dass die Jagd am Luderplatz hier an erster Stelle steht, hat seinen Grund. Denn sieht man von jenen Füchsen ab, die im Sommer mehr oder weniger per Zufall beim Ansitz oder später dann beiläufig auf einer Niederwildjagd oder bei einem Hochwildriegler geschossen werden, so fallen wohl die meisten am Luderplatz. Brauchbare Zahlen gibt es jedoch nicht. Die Kunst des Drückens, das Angehen im Schneehemd, ebenso die Jagd mit dem Steinadler oder das Brackieren sind handwerkliche Künste, die heute neben Luderplatz und nächtlicher Gummibirsch stehen, wie die letzten Greißler zwischen den Discountern und Supermärkten. Gut – noch hat die Baujagd zumindest in Österreich ihre Bedeutung, doch die wird schwinden. In Deutschland haben die ersten Bundesländer die Jagd am Naturbau bereits verboten, weitere werden folgen. Auch in der Schweiz wurde die Baujagd eingeschränkt und in Luxemburg ganz verboten.

Winternächte weit draußen in der Landschaft haben ihren Reiz, ein langer Anmarsch durch knietiefen Schnee, beladen mit Büchse und Ansitzsack nicht. So habe ich bei der Anlage von Luderplätzen immer auf die leichte Erreichbarkeit und auf mögliche Nähe zu menschlichen Siedlungen geachtet. Natürlich darf man dann keinen Luderschacht machen, der bei Nichtjägern Ärgernis erregt. Doch der Luderschacht ist längst „out“. Besser ist es, feine Brocken zu streuen, die weder stinken noch entdeckt werden. Bewährt haben sich früher beispielsweise angeröstete Grammeln. Sie gelten aber als Lebensmittel und müssen heute ordnungsgemäß entsorgt werden. Getrockneter Rinderpansen wird im Handel angeboten und eignet sich zerbröselt hervorragend. Solche kleinen, feinen Brocken haben überdies den Vorteil, dass die Füchse suchen müssen. Sie tun das intensiv, weil auch die Witterung der Köder weit verstreut ist.

Jeder Jäger weiß, dass die Füchse nach ergiebigen Schneefällen in den ersten zwei, drei Nächten ungern laufen. Nagt der Hunger, patrouillieren sie möglichst auf gebahnten Wegen, in Schispuren oder noch lieber auf Loipen. Von solchen zum Luderplatz oder zumindest in seine unmittelbare Nähe führenden „Verkehrswegen" profitiert also nicht nur der Jäger. So stand denn in meinem Revier die wichtigste Luderhütte auch direkt neben einer vielbefahrenen Loipe *(siehe Seite 190 f.)*. Dort roch es ständig intensiv nach Mensch, und der Jäger kam allzeit gut hin. Selbst wenn sich der Schnee in den Wiesen nach einigen Tagen gesetzt hatte und den Fuchs trug, nahm er die Loipen immer noch gerne an.

Ein Freund im Allgäu draußen hatte seine Luderhütte gleich hinterm Hof aufgestellt, mit Blick auf den Misthaufen. Solche Plätze haben sich besonders bewährt. Meist laufen die Füchse nämlich zuerst Richtung Dorf, klappern die Höfe und Misthaufen ab, ehe sie im Feld nach Fraß suchen. Das ist eigentlich auch ganz logisch, denn bei den Häusern findet sich – mit wenig Energieaufwand – immer etwas, im Feld draußen nicht! Ich habe mehrfach von den Höfen kommende Füchse beobachtet, die einige Zeit weit draußen in den Wiesen umhersuchten, um bald wieder Richtung Dorf zu schnüren. Es hat ja seinen Grund, dass Stadtfüchse (und Stadtmarder) kleinere Streifgebiete und höhere Siedlungsdichten haben als Bewohner der freien Landschaft.

In der Nähe der Häuser sind die Füchse auch viel weniger geräuschempfindlich als weit draußen. Menschliche Stimmen, zufallende Türen, startende Motoren, Geräusche aller Art aus den Ställen stumpfen auch den Fuchs ab. So kann sich der Jäger – wenn es denn sein muss – auch einmal ein Räuspern oder Husten leisten, ohne dass gleich die ganze Ansitznacht versaut

Wer meint, der Luderplatz gehöre in eine möglichst entlegene, nur höchst selten von Menschen aufgesuchte Revierecke, der darf sich auch nicht wundern, wenn die Füchse dort besonders misstrauisch sind.

ist. Vor allem hat der Fuchs hier metallische Geräusche als harmlos kennengelernt. Auch wir verursachen solche mit Fernglas und Gewehr immer wieder.

Natürlich gibt es nicht in jedem Revier so ideale Möglichkeiten. Das fängt schon damit an, dass heute viele Menschen auf die Barrikaden gehen, wenn in der Nacht in der Nähe der Häuser ein Schuss fällt. So bleibt halt oft nichts anderes übrig, als den Luderplatz mehr oder weniger weit in der Landschaft draußen anzulegen. Wichtig ist dennoch, dass wir ihn auch bei höherer Schneelage problemlos erreichen.

Luderplatz mit Kanzel.

Der Stab im Vordergrund markiert die Entfernung von dreißig Metern.

Wie und womit?

Zäh hält sich die Meinung, ein Luderplatz müsse möglichst ganzjährig beschickt werden und ordentlich stinken. Beides ist falsch! Einmal abgesehen davon, dass wir uns mit einem wirklich stinkenden Luderplatz schnell Ärger einhandeln, ist die Reichweite der von dem Luder ausgehenden Witterung doch begrenzt. Die Füchse müssen suchen, und sie tun dies auch. Man muss nur eine mondhelle Nacht draußen sitzen, um zu beobachten, wie ein Fuchs der Spur des anderen folgt. Luderplätze und ihre Umgebung sind ja auch Kommunikationsstationen. Das gilt in der Ranzzeit doppelt. Es ist also nicht nur die Witterung des von uns ausgebrachten Luders, die zum Magnet wird, sondern auch die der Füchse selbst!

Meine Luderplätze lagen mehrheitlich in bewirtschafteten Wiesen. Da verbot sich der Luderschacht und das ganzjährige Ludern von selbst. Dafür werden Wiesen von den Füchsen

Fuchs beim Hof.

Im Bereich der Höfe ist der Fuchs weit vertrauter als weit draußen in der Einsamkeit des Reviers. Hier ist er Menschen, ihre Witterung und Geräusche gewohnt.

ganzjährig intensiv belaufen und abgesucht. Wir müssen sie also gar nicht erst an den Platz gewöhnen.

„Angeludert“ habe ich früher nach dem letzten Schnitt. Das konnte – abhängig vom Wetter – schon im September, aber auch Anfang Oktober sein. Dabei verwendete ich überwiegend Filetierabfälle einer Forellenräucherei, gelegentlich auch altes Fett aus der Fritteuse oder kleingehackte Schwarten. (Achtung, alle diese Stoffe gelten heute als Lebensmittel und müssen fachgerecht entsorgt werden!) Inzwischen bin ich weitgehend auf pelletiertes Hunde- und Katzenfutter oder getrockneten Rinderpansen umgestiegen. Damit wurde, wenn wir uns an die Jägersprache halten wollen, aus dem Luder- ein Kirrplatz. Wir wollen in diesem Buch dennoch den Begriff „Luderplatz“ beibehalten. Das heute verwendete Futter ist völlig unauffällig und stinkt nicht. Leider nimmt es Feuchtigkeit auf und zerfällt dann. Aber damit lässt sich leben. Wem es die Wohnverhältnisse erlauben, der kann sich im Frühherbst auch Wildlungen in Streifen schneiden, an der Sonne trocknen und später in feine Stücke hacken. Auf gleiche Weise lassen sich Wild- und Rinderpansen haltbar machen. Letztere sind bei unserem Fleischhacker kostenlos erhältlich, werden aber auch überall im Handel angeboten. Eine Handvoll dieser „Trockenware“, breitwürfig ausgestreut, reicht.

Schweiß, Losung und Urin erlegter Füchse schrecken nicht ab, sondern ziehen an. Ich habe im Allgäu draußen mehrfach erlebt, dass am Luderplatz erlegte Füchse sozusagen postwendend von nachfolgenden Artgenossen angeschnitten und aufgefressen wurden.

Am Boden sitzen oder oben?

Die altherkömmlichen Luderhütten wurden meist in einen Hang gebaut, zumindest mit Erdreich angeböscht. Sie waren also stationär, und das war das Problem – man musste einen wirklich geeigneten Platz für das Bauwerk finden, samt Genehmigung.

Für diese Bauweise sprach, zumindest im ebenen Gelände, dass man die Füchse auch bei schlechtem Licht sah und ohne Optik schießen konnte. Man fuhr vom immer etwas helleren Himmel ins unmittelbar darunter befindliche Ziel. Heute kann man sich einen Schuss flach über den Boden einfach nicht mehr leisten. Besser ist daher eine leichte, transportable Luderhütte.

Zunächst baute ich aus Kanthölzern (6 mal 6 Zentimeter) das Skelett, und zwar über einem Boden, bestehend ebenfalls aus zwei Kanthölzern und 24 Millimeter starken Brettern oder einer als Boden dienenden Europalette. Dieses Skelett wurde mit 18 Millimeter starken Brettern verkleidet und zudem innen fugenlos mit Teppichboden beschlagen. So waren sie absolut zugfrei. Vorne befand sich eine nach oben schwenkbare Klappe, welche die Schießluke freigab; seitlich war eine kleine, knapp 50 Zentimeter breite Tür.

Damit sowohl bei der Bewegung als auch beim Hantieren mit Glas oder Gewehr keine unnötigen Geräusche entstanden (und

Luderhütte.

Leichte, transportable Luderhütte aus wetterfesten Grobspanplatten, aufgestellt am Waldrand, mit weitem Blick über die Wiesenlandschaft.

für etwas Komfort gesorgt war), wurden Sitzbank, Lehne und Boden mit alten, trockenen Futtersäcken belegt. Wer will, kann sich auch ein Fenster in die Luke montieren, am besten aus beschlagfreiem Plexiglas. Ich habe gerne darauf verzichtet, um wenigstens noch etwas vom Hauch der Winternacht zu spüren.

Natürlich kann auch ein geschlossener Hochsitz die Funktion der Luderhütte übernehmen. Je nach Gelände ist er sogar vorteilhafter. Nachteilig ist, dass Hochsitze bei Frost schnell knarren, sobald sich der Jäger bewegt. Außerdem lassen sie sich nicht so schnell und unbemerkt beziehen und verlassen, wie eine am Boden stehende Hütte.

Noch etwas sollten wir bedenken: Es ist gut, mit dem Blick gegen den Mond zu sitzen, also gegen Südost oder Süd. So hebt sich das Wild – besonders bei suboptimalen Lichtverhältnissen – viel besser ab!

Auch die Exposition ist nicht unwichtig, vor allem in Lagen mit unsicheren Schneeverhältnissen. Denn oft sind die Südhänge schon völlig freigetaut, wenn auf den Nordhängen noch geschlossen Schnee liegt. Ist man gezwungen, eine Südexposition zu nutzen, ist die flache Lage besser als die steile. Oft ist es selbst in den Hochlagen schon aper, wenn in engen Tälern noch eine geschlossene Schneedecke vorhanden ist. Allerdings haben wir in Tälern und flachen Auen meist wieder das Problem mit dem Nebel. Der Jäger muss daher, ehe er sich für einen Platz entscheidet, in den Mondnächten draußen sein und Umschau halten.

Wann kommt er?

Die Frage ist eigentlich gar nicht so wichtig, und sie lässt sich auch nicht allgemeingültig beantworten. Unter den Verhältnissen, unter denen ich die meisten Füchse am Luderplatz schoss, war es ratsam, so gegen 19 Uhr zu sitzen, was nicht heißt, dass es früher sinnlos gewesen wäre. Jedenfalls ist die Wahrscheinlichkeit, dass um 20 Uhr ein Fuchs zum Luderplatz kommt, größer als um 18 Uhr. Wenn es meine Zeit und das Wetter zuließen, an mehreren Abenden in Folge zu sitzen, ging ich von Abend zu Abend etwas später. Über die Jahre hinweg liefen bei uns die Füchse so zwischen 19.30 Uhr und Mitternacht gleichermaßen gut. Erst nach Mitternacht trat meist eine Flaute ein. Natürlich konnte es sein, dass sich an einem Abend zwei Stunden hindurch kein Fuchs sehen ließ, doch waren solche Flauten keinem bestimmten Zeitabschnitt zuzuordnen.

Bei zunehmendem Mond schon früher zu sitzen und dann von Tag zu Tag etwas später, ist irgendwie auch logisch. Denn am Anfang steht der Mond ja schon in der Dämmerung am Himmel, um dann jeden Tag etwa eine Stunde später zu erscheinen. Es ist überdies von Revier zu Revier, oder besser gesagt von Luderplatz zu Luderplatz verschieden. Auf manchen liegt lange der Randschatten der Bäume, oder ein Berg stellt sich vor den Mond. Andere bestrahlt der Mond von seinem Aufgang bis zu seinem Untergang. Als ich noch oben in unserem Hochtal wohnte, verschwand er schon lange vor Mitternacht hinterm Dobratsch. Jetzt, im Gailtal herunten, steht der Mond vom Aufgang bis zum Untergang am Himmel.

Dafür halten hier unten im Tal die Mondnächte ein anderes Ärgernis für den Jäger bereit – den Nebel. Auch der will bei Überlegungen zum Luderplatz bedacht werden. Eigentlich gehört das Thema „Nebel“ eher zu den Überlegungen betreffs Standorts. Doch mitunter ist es auch so, dass der anfangs oft dicke Nebel im Laufe des Abends abfließt. So einen Luderplatz hatte ich früher im „Moos“. Nach eher lauen Winternachmittagen begannen die Nächte meist mit Bodennebel, der sich dann oft so ab 20 Uhr wieder auflöste. An solchen Tagen machte es wenig Sinn, früher zu sitzen.

Womit schießen?

Im Grunde kommt der Jäger am Luderplatz mit einer Flinte ganz gut zurecht. Dennoch bietet ein kombiniertes Gewehr Vorteile. Er muss dann den Fuchs nicht so nahe anlaufen lassen. Hat man ein kombiniertes Gewehr dabei, wird bis zu 30 Metern mit Schrot geschossen, darüber hinaus mit der Kugel. Schwächer als .22 Mag. sollte das Kugelkaliber nicht sein. Ich selbst bevorzuge inzwischen .222 Rem. Ein zweiter Schrotlauf wird kaum gebraucht.

Leider sind viele Jäger immer noch mehr der Tradition als der Ballistik verhaftet und lieben es gerne „eine Nummer stärker“. Daher wird häufig empfohlen, auf den Fuchs nur mit Schroten ab 3,5 Millimeter aufwärts zu schießen. Nun ist der Fuchs zwar ein relativ hartes Wild, aber beim Schrotschuss kommt es weni-

Fuchs und Bussard.

Vielleicht war die .22 Magnum doch etwas schwach und der Jäger bei der Nachsuche zu nachlässig?

ger auf die Eindringtiefe als auf die Vielzahl der Treffer an. Die nimmt aber bei groben Schroten und steigender Entfernung drastisch ab. Halten wir uns jedoch an die weidgerechte Entfernung von 30 Metern und treffen den Fuchs sauber, fällt er auch mit Schroten der Nummer 5 (= 3 Millimeter) mausetot um. Schießen wir auf weitere Entfernung, nimmt die Auftreffwucht der Schrote ab, ebenso die Zahl der Treffer. Mit einem kombinierten Gewehr ausgestattet, wähle ich die Schrote nicht gröber als 3 Millimeter und schieße im Zweifelsfalle immer mit der kleinen Kugel.

Für den Kugelschuss wählte ich früher immer Vollmantelgeschosse, um die Bälge zu schonen. Das ist nicht notwendig. Denn trifft das Vollmantelgeschoss auf einen Röhrenknochen oder Wirbelknochen, reißt es genauso wie ein anderes Geschoss. Fährt aber ein Teilmantelgeschoss zwischen den Rippen durch, bleibt auch der Ausschuss klein. Bewährt haben sich die relativ einfach konstruierten Teilmantel-Rundkopfgeschosse – neudeutsch: „Softpoint“.

Glaubensfragen

Bei Diskussionen um Gewehre, Kaliber und Laborierungen geht es – noch weit mehr als sonst auf der Jagd – um Glaubensfragen. Wer schon etliche Jahre jagt und ehrlich ist, muss wohl zugeben, dass seine Überzeugungen – was Waffen und Kaliber betraf – selten aus Stahl gegossen waren. Irgendwie scheint es zwischen dem Jäger und seinem Gewehr zu „menscheln“; der Träume sind oft viele, und die Versuchungen manchmal groß!

Wofür also sollen wir uns entscheiden, wenn wir in heller Schneenacht auf den Fuchs ansitzen? Wer diese Jagd sportlich sieht, der kommt, wie gesagt, mit seiner gewohnten Flinte ganz gut zurecht; er muss sich halt beherrschen und darf nicht weiter als auf 30 Meter schießen. Manche Jäger lassen sich ein kleines

Glas auf die Flinte montieren, was besonders dann angenehm ist, wenn der Schnee fehlt oder wenn sich der Mond hinter den Wolken versteckt.

Mit einer Büchse in entsprechendem Kaliber ist der Jäger aber auch ganz gut ausgerüstet. Ob nun der Fuchs sehr nahe zu ihm kommt oder nur auf weit mehr als Schrotschussentfernung vorbeischnürt, bleibt sich gleich. Im Gegenteil, die Kugel spielt dem Balg des Fuchses auf zehn Meter auch nicht übler mit als auf hundert Meter. Beim Schrotschuss schaut das schon anders aus. Bei ihm tun wir gut daran, nicht näher als auf 15 Meter zu schießen.

Das „klassische" Gewehr für den Luderplatz hat also zwei Läufe – Kugel und Schrot! Damit ist man für alle Fälle gerüstet, zuweilen sogar für eine Dublette.

Früher, will sagen so um die Mitte des 20. Jahrhunderts, war die .22 Hornet die „Schonzeitpatrone" schlechthin. Sie ist auch heute noch völlig ausreichend. Sie kam in den 30er-Jahren des letzten Jahrhunderts aus den USA zu uns und war die erste eigentliche Schonzeitpatrone mit Zentralfeuerzündung. Vor ihr war es die für den Fuchs unzureichende .22 lfb. Erst 1959 kam die .22 WMR auf den Markt. Beides sind Randfeuerpatronen.

Mein erstes kombiniertes Gewehr – speziell für den Luderplatz gedacht – war eine Atlas Bockbüchsflinte. Es war ein leichtes und überaus billiges Gewehrchen mit außenliegendem Hahn, in den Kalibern .22 WMR und 20/70. Letzterem traute ich nicht viel zu und schoss deshalb fast alle Füchse mit der kleinen Kugel. Nicht wenige fielen ihr zum Opfer, und die Wirkung war durchaus akzeptabel. Nur ein einziges Mal ging mir ein Fuchs krank weg und nahm einen Bau an. Ich gründete ad hoc ein eigenes Tiefbau-Unternehmen, um den Fuchs auszugraben, doch der war verloren, und das Unternehmen ging in freiwilligen Konkurs. Im Laufe der Zeit „reich" geworden, wurde ich der Atlas untreu und investierte in eine Blaser, mit dem Kugelkaliber .222 Rem. und 12/70 Schrot. .222 Rem deshalb, weil sie auch

Klassisch für den Luderplatz: die Bockbüchsflinte.
Im Bild eine Bockbüchsflinte „Atlas“ in den Kalibern .22 Mag. und 20/70, die den Verfasser viele Winter hindurch zum Luderplatz begleitete.

dem Rehwildabschuss dienen sollte. Sie steht heute noch im Schrank.

Inzwischen sind neue Kaliber auf dem Markt. So entstand aus der alten .22 WMR die .17 HMR, ebenfalls eine Patrone mit Randzündung, und der .222 Rem. folgte die .222 Rem. Mag., und der wiederum die .243 Win. Wir wollen die Diskussion um Kaliber jedoch nicht vertiefen. Es soll in diesem Buch ja vornehmlich um den Fuchs gehen.

Erinnerung

Bessere Jahre waren's; Hoffnung und Zukunft waren auch noch im Angebot! Forsthaus mitten im Wald. Drumherum Bach, Graben und Fischteiche – allzeit ein Magnet für Füchse. Und hinten, keine fünf Minuten entfernt, die Wiesen zu Müllers Kathrin hinauf – nordhängig, Schnee konservierend. Unten am Waldrand stand die Luderhütte. Nur eine Luke nach vorne, die Unterkante mit einem alten Kartoffelsack gepolstert, Boden und Sitzbank ebenso, damit beim Aufnehmen oder Abstellen des Gewehres keine verräterischen Geräusche entstanden. Die ganze „Bude" war mit aufgetackertem Teppichboden winddicht gemacht.

„Schichtbeginn" meist so um 19 Uhr herum. Drei Stunden betrug die reguläre „Arbeitszeit"; manchmal dauerte es auch länger. Kommoder, nur brusthoher Ansitzsack, der nicht einengte, Schulter und Arme freiließ und eine Mufftasche hatte, und dazu eine Gummiwärmeflasche für die Füße, waren Standard.

Irgendwann ein Fuchs, oben, von links nach rechts über die Wiese, fast bei Kathrins Haus. Zielstrebig war er unterwegs, auf keinen noch so verlockenden Mauspfiff zeichnend. Weit außerhalb der Schrote und für die Kugel zu flott …

Später ein zweiter Fuchs, wieder von oben links, aber bolzgerade zum Luderplatz herunter. Schon hatte er den Pflock erreicht, der in der weißen Einförmigkeit 30 Meter markierte. Noch zehn Meter, doch da schnappte er sich schon den ersten Forellenkopf, kaute kräftig und genussvoll darauf herum, drehte sich quer und hatte wohl gar nicht gemerkt, dass er inzwischen tot war …

Flacher, lang gestreckter Hügel im glitzernden Schnee. Klingeln in den Ohren. Abgeschossene Hülse aus Messing und rotem Karton unter der Nase – ach, immer wieder faszinierender Duft nach abgebranntem Pulver! Die meisten Menschen hätten ihn wohl „Gestank" genannt …

Lohn einer Winternacht.
Drei Füchse in einer Nacht am Luderplatz, das ist schon etwas!

Nachgeladen, still gesessen, gewartet, fünfundvierzig lange Minuten. Dann, gerade noch mit den Augen erwischt, nur wenige Meter, ganz rechts neben der Hütte, die Ahnung eines Schattens. Erhöhter Puls; kaum noch Mut zu atmen. Dann die Andeutung eines Geräusches – ganz zart nur – wie wenn etwas durch den Schnee streift. Und da stand er schon, keine drei Meter vor der Hütte, schaute bolzgerade herein. Wahnsinn! Kein Gedanke an einen Schuss. Vielleicht waren's in Wirklichkeit nur Sekunden, gefühlt sicher zehn Minuten, dann setzte er sich wieder in Bewegung, schnürte brettelbreit und zum Greifen nahe an mir vorbei. Er ging mir linksseitig verloren, und ich wagte nicht, meinen Oberkörper etwas nach vorne zu beugen, was den Blickwinkel durch die Luke erweitert hätte. Ein, zwei Minuten vielleicht, dann genehmigte ich mir den Luxus freien Durchatmens. Doch da schob sich der Fuchs kaum zehn Meter links schon wieder ins Bild, schnürte auf seinen bewegungslos im Schnee liegenden Kollegen zu, um sich keinen Meter neben diesem ebenfalls auszustrecken.

Wieder das Glücksgefühl, wieder das Ritual mit der abgeschossenen Hülse. Dann übers Argental zehn dumpfe Schläge von Maria Thann herüber: Wallfahrtskirche aus anno „ewig schon“ … Ich packte zusammen, holte die beiden Füchse und stapfte dem Forsthaus zu. Rauch in kalter Winternacht. Licht in der Stube. Heidis warme Wange. Ein Rest Rotwein im Glas. Amen.

Baujagd-G'schichten

Schon „ewig"

Nicht so sehr in Österreich, wohl aber in Deutschland und in anderen westlichen Ländern ist die Baujagd in den letzten Jahren in die Diskussion geraten. Gegner plädieren für ein Verbot. In Baden-Württemberg ist das Fuchssprengen am Naturbau inzwischen verboten, nicht so am Kunstbau. In Nordrhein-Westfalen ist der Naturbau ebenfalls absolut tabu, und am Kunstbau ist die Baujagd nur in wenigen Gebieten mit Auflagen und mit Sondergenehmigung erlaubt. Es ist auch ziemlich sinnlos, zur Verteidigung der Baujagd auf ihre alte Tradition zu verweisen, schließlich wurden Rehe und andere Wildtiere viele Jahrhunderte hindurch traditionell in Schlingen gefangen. Trotzdem käme niemand auf die Idee, diese Barbarei wieder einzufordern.

Aber dass die Baujagd von den heute gebräuchlichen Jagdarten eine der ältesten ist, das wird man ja wohl noch sagen dürfen. Relativ „neu" sind nur die heute zur Baujagd verwendeten Hunde, einfach weil es früher keine Rassenzucht im heutigen Sinne gab. Die verwendeten Hunde mussten einfach klein und scharf genug sein, um den Fuchs aus dem Bau zu bringen oder

Bei Platzregen, Sturm, kalter Witterung und während der Paarungszeit, auch im Sommer während der größten Hitze, oder solange die Füchsin kleine Junge hat, findet man unseren Buschklepper regelmäßig in seinem Baue, bei günstiger Witterung aber durchwandert er sein Gebiet und ruht da aus, wo sich gerade ein passendes Plätzchen findet.

Alfred Brehm 1879

Roter und schwarzer Kurzhaar-Dackel am Fuchs.

Übermäßig scharfe Hunde sind bei der Baujagd eher hinderlich. Sie sollen die Füchse ja nicht im Bau würgen, sondern aus diesem sprengen.

ihm unter der Erde den Garaus zu machen. Ob ihr Haar lang oder kurz, schwarz oder weiß war, interessierte niemanden.

Martin Strasser von Kollnitz beschrieb die Prototypen der heutigen Dackel recht anschaulich:

> Inter der Erden in die Gschliff gehörn nidertrachtige, langseitige, nider- oder khurz- khrumpfueßete Hündtlein, einen langgeleten Kopf mit einem starken Püß, starkh von Ruggpain und Rüppen. Rauch- oder stockhärig hölt man fürs ehr gut, dan si gmainlich notfester als die glatharigen sein. Doch ist auf dasselb sovil nit zu sechen, sonder dass si von guetter Art sein und dass si folgunts zu rechter Zeit wol geiebt und recht gepraucht werden. … Ich hab dergleichen schwarz-, vier- und praunaugete Hintlein gehabt und hab tails noch, wölliche ich nit allain zu den Täxen, Füxen, Püber und Otter aus der Erden ausgraben – vorligent – sonder auch Hürsch damit bestätt, dieselben, auch Wiltsau und Wölff, die Gämbs, Füx und Hasen darmit gejagt.

Da haben wir ihn ja schon: den schwarzen Kurzhaardackel mit dem roten Brand, vielseitig verwendbar, von der Baujagd über die Nachsuche bis zum Brackieren.

Es scheint so, als hätte das Fuchssprengen, so wie wir es heute verstehen und praktizieren, zu Zeiten der Vorderladerflinten keine allzu große Rolle gespielt, was nachvollziehbar wäre. Schließlich dauerte es geraume Zeit, ehe eine abgefeuerte Flinte wieder schussbereit war. Daher legte man Wert auf möglichst scharfe Bauhunde, die das Wild – Fuchs, Dachs, Katze und Otter – unter der Erde blindlings würgten oder zumindest festhielten. Während wir heute bei der Baujagd peinlich bemüht sind, vom Raubwild nicht wahrgenommen zu werden, war es früher vielfach umgekehrt. Lassen wir den alten Döbel sprechen:

> Ist man auf dem Bau angekommen, so schreit man recht laut zu allen Röhren hinein, damit der Fuchs aus Furcht vor dem Jäger nicht herauslaufe, und lässt nun die Dächsel den Bau durchsuchen, … Hört man den Hund laut, so muntert man ihn auf, indem man „Hui faß das Füchschen!" in die Röhren schreit und durch starkes Schlagen auf die Stelle, wo die Hunde vorliegen, untersucht ob es dem Fuchs noch möglich ist zu entweichen, oder ob er hinten fest ist.

Was dann folgte war der Einschlag und der Versuch, das in einer Endröhre oder zwischen zwei Hunden festsitzende Raubwild mit einer langen Zange zu heben. Sowohl das Anrüden des Hundes als auch das Stampfen mit den Füßen oder Schlagen mit einem Knüppel auf den Bau waren in meiner Jugend noch weit verbreitet. Die Baujäger hatten es einfach von Generation zu Generation übernommen, ohne sich viel Gedanken über das Warum zu machen. Wir hatten noch gelernt, durch das Rufen, Stampfen und Klopfen würde das Raubwild zum Verlassen des Baues veranlasst. Das Gegenteil war der Fall. Die Alten wollten ja auch das Gegenteil erreichen, nämlich dass das Wild auf keinen Fall versuchte, den Bau zu verlassen.

Unsere Vorfahren gingen aber auch nicht immer nach diesem Schema vor, denn es gab zwei Varianten der Baujagd auf den Fuchs. Einmal die eben beschriebene, bei der das Ziel der tote Fuchs war. Häufig ging es aber auch darum, den Fuchs lebend

Fuchsprellen im Prater anno 1666
(Kupferstich von Melchior Küsell).

Als Aufputz des Hochzeitsfestes von Leopold I. im Dezember 1666 wurden mehr als 100 Füchse und dazu noch 50 Hasen zu Tode gequält. Die Tiere wurden dabei so lange in die Luft geschleudert, bis sie verendeten. Man empfand dies damals als durchaus „weidgerecht".

zu erbeuten; man wollte ihn für das Fuchsprellen, ein grausiges, tierquälerisches Spiel, das hauptsächlich von adeligen Damen oder auch Paaren praktiziert wurde. Dabei hielten immer zwei Damen oder ein Paar die vier Ecken eines am Boden aufliegenden Tuches. Allerdings war es nicht nur ein Tuch, sondern derer viele. Der Platz, auf dem dieses „Spiel" stattfand, war so umfriedet, dass die dort zum Totquälen eingesetzten Füchse nicht entrinnen konnten. Sobald eines der völlig verängstigten Tiere über ein Tuch lief, wurde dieses an den Ecken angezogen und der Fuchs dabei in die Luft geschleudert. Dies wurde so lange praktiziert, bis alle Füchse zu Tode gequält waren. Auch das wurde, darüber sollten wir nachdenken, schon „weidgerechtes Jagen" genannt!

Der Bauhund, der unbeirrt, ja stur vor dem Fuchs liegt oder ihn zu würgen versucht, wird heute „Steher" genannt. Jener, der immer wieder vom Fuchs ablässt und versucht, von einer anderen Seite an diesen heranzukommen, wird „Flieger" genannt. Letzterer ist der Typ, den der Baujäger heute bevorzugt.

In den Besitz lebender und möglichst unverletzter Füchse kam man ebenfalls bei der Baujagd. In diesem Falle wurden die Röhren mit Sprengnetzen abgedeckt. Bei dieser Variante der Baujagd ging man auch völlig anders vor. Man vermied alles, was dem Raubwild die Anwesenheit des Jägers signalisiert hätte. Die verwendeten Hunde mussten auch nicht übermäßig scharf sein. Sie sollten den Fuchs ja nur in Bewegung bringen und zum Springen veranlassen. Statt in die Schrotgarbe sprang er ins Netz, wurde gebunden und geknebelt und zum Abtransport in einen Holzkasten gesteckt.

Die Baujagd wird heute nicht anders ausgeübt, nur endet sie außerhalb des Baues, mit dem Schuss des Jägers auf den springenden Fuchs. Netze wurden aber auch noch verwendet, als das Fuchsprellen längst tabu war, nämlich dort, wo man Röhren absichern wollte, die nicht eingesehen werden konnten, etwa weil sie sich in einem Jungwuchs befanden oder an einer Stelle, die aus Sicherheitsgründen nicht beschossen werden konnte. So habe ich in den 1980er-Jahren, aus den eben genannten Gründen, selbst noch Sprengnetze verwendet, meist, wenn ich alleine jagte. Geschossen wurde dann auf den ins Netz gesprungenen und sich mit diesem meist überrollenden Fuchs.

Die Bauhunde

Heute werden zur Baujagd neben Dackeln verschiedene Terrierrassen verwendet. Ursprünglich, und zwar so bis in die Mitte des 19. Jahrhunderts hinein, waren es fast überwiegend Dackel und ihre Vorläufer, wobei das Aussehen keine Rolle spielte. Einen Rassestandard oder gar eine planmäßige Zucht gab es ohnehin noch nicht. Die Dackel, durch Jahrhunderte von keiner Formwertzucht eingeengt, waren schlicht niederläufige, glatt- oder stockhaarige Zwergbracken. Ihre Läufe waren wesentlich länger als die ihrer heute lebenden Nachkommen, und die „Dackellähme" war ihnen noch nicht angezüchtet.

Irgendjemand glaubte, dem Dackel eine rauhaarige Jacke verpassen zu müssen und kreuzte Rauhaarpinscher sowie niederläufige Dandie-Dinmont-Terrier ein. So entstand der Rauhaardackel – heute der am häufigsten geführte Schlag.

Weil nicht genug, musste auch noch eine langhaarige Variante her. Also mussten Wachtelhunde, Spaniel und sogar Spitze aushelfen (Frieß 1961).

Dackel.

Den Dackel gab es bei uns schon vor Jahrhunderten, und sein ureigenstes Arbeitsgebiet war der Bau. Leider wurden ihm, seit es eine „Reinzucht" gibt, die ursprünglich viel längeren Läufe weggezüchtet. Das Ergebnis ist eine Hunderasse mit hoher Anfälligkeit für Bandscheibenvorfall – „Dackellähme" genannt.

Foxterrier.

Der aus England stammende Foxterrier war auf dem Kontinent seit Ende des 19. Jahrhunderts als Bauhund beliebt. Auf den Britischen Inseln wurden Terrier bereits Jahrhunderte vorher für die Baujagd verwendet.

Mit einer planmäßigen Zucht begann in Deutschland der im Jahr 1888 gegründete Deutsche Teckelklub. In Österreich entstand 1902 der Österreichische Dachshundeklub. Doch blühte noch lange die Zucht außerhalb der Organisationen. Heute dominiert – vor allem in den Nachbarländern – die Mode- und Schönheitszucht über die rein jagdlichen Zuchten.

Die Terrier betraten die Baujagd-Bühne auf dem Kontinent erst Ende des 19. Jahrhunderts, was damit zusammenhängt, dass nahezu alle Terrierrassen auf den Britischen Inseln entstanden. Dort wurden Terrier schon Jahrhunderte vorher zur Baujagd verwendet. Doch wie bei kontinentalen Hunderassen setzte die planmäßige Zucht mit festgelegtem Rassestandard erst in der zweiten Hälfte des 19. Jahrhunderts ein.

Der erste Terrier, der auch in Deutschland und Österreich nennenswert als Bau- oder überhaupt als Jagdhund auftrat, war der Foxterrier. Erstmals 1862 in Birmingham ausgestellt, kam er irgendwann in den 1880er-Jahren nach Deutschland.

Jagdterrier.
Der Deutsche Jagdterrier entstand an der Wende zum 20. Jahrhundert aus dem Foxterrier.

Der Foxterrier wurde freilich nicht vom Lieben Gott erfunden, sondern ist – wie alle unsere Rassehunde – ein Kreuzungsprodukt. Wer sich alles am „Bau“ dieser Rasse beteiligen durfte, ist umstritten; dass Pinscher beteiligt waren, ist jedoch ziemlich wahrscheinlich. Und Pinscher waren schon lange vorher in Europa verbreitet und wurden hier auch zur Baujagd eingesetzt.

Nach dem Ersten Weltkrieg waren die Pinscher als Bauhunde längst in Vergessenheit geraten und die Foxterrier (glatt- und rauhaarig) zu Modehunden geworden. Diese Entwicklung führte zum Deutschen Jagdterrier. Er ist im Wesentlichen das Produkt aus Foxterrier und schwarz-rotem Welsh Terrier.

Erst in der zweiten Hälfte des 20. Jahrhunderts tauchte bei uns ein weiterer Terrier auf, der sich heute einiger Beliebtheit erfreut und zur Baujagd verwendet wird – der Jack Russell Terrier. Inzwischen stieg aber auch er zum Modehund auf, überwiegend von Nichtjägern gehalten. Sein Erfinder soll ein englischer Pfarrer und Jäger gewesen sein, der dem Hund auch seinen Namen übertrug.

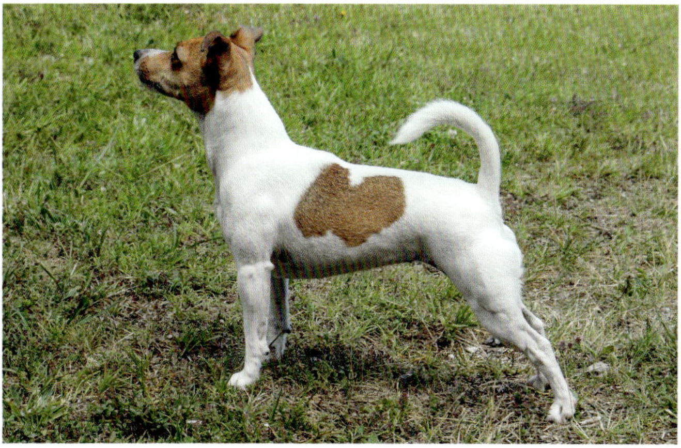

Jack Russell Terrier.

Erst gegen Ende des 20. Jahrhunderts fand der ebenfalls aus England stammende Jack Russell Terrier auch in Deutschland und Österreich Verbreitung.

Gelegentlich begegnet man bei der Baujagd auch noch dem Border Terrier, der aus dem Grenzgebiet zwischen England und Schottland stammt. Ihn hat man in die Liste der Haushunde ein-

Patterdale Terrier.

Eine sehr alte britische Rasse ist der Patterdale Terrier, der in den letzten Jahren vereinzelt auch schon hierzulande zu sehen ist.

gereiht, obwohl er von Haus aus beste jagdliche Anlagen hat und in seiner Heimat häufig jagdlich verwendet wird. Somit ist er auch kein anerkannter Jagdhund. Wer sich jedoch um solche Formalitäten und Streitereien nicht kümmert, kann mit ihm einen sehr zuverlässigen Begleiter zur Baujagd finden.

Aus mehreren Terrierrassen entstand vor gut zweihundert Jahren im Norden Englands eine weitere Rasse, die in den letzten Jahren auch bei uns Fuß fassen konnte – der Patterdale Terrier. Seinen Namen bekam er von einer gleichnamigen Gemeinde in Cumberland, in der er zuerst gezüchtet wurde. Bis heute blieb ihm die Massenzucht mit all ihren negativen Folgen erspart.

Welche Baue?

Es sind immer wieder dieselben Baue, in denen wir, wenn überhaupt, Füchse antreffen, auch wenn es hin und wieder an einem der vielen „Zweitwohnsitze" nach Fuchs stinkt. Grundsätzlich kontrollieren Füchse die in ihrem Streifgebiet liegenden Baue – nicht nur die, in denen sie gerne stecken – das ganze Jahr über. So finden wir auch im August regelmäßig Spuren im weichen Sand, oder es stinkt manchmal ganz penetrant nach Fuchs. Trotzdem ist es reiner – sozusagen unbeabsichtigter – Zufall, wenn zwischen Mitte Juni und Anfang Oktober ein Fuchs steckt.

Auf ihren Streifzügen besuchen vor allem die Rüden die Baue bewusst. Sie kontrollieren die Einfahrten, nässen und fahren ausnahmsweise auch einmal kurz ein, um den Bau jedoch gleich wieder zu verlassen. Jeder Jäger kann das den Sommer hindurch draußen beobachten. Es stinkt also nach Fuchs, weil dieser seine Winterwohnungen und „Gartenlauben" mit frischen Duftmarken versehen hat. Das mag von ihm vielleicht ähnlich gedacht sein wie die von uns während unseres Urlaubs in Betrieb gesetzten Zeitschaltuhren, die Einbrechern vorgaukeln sollen, wir seien daheim.

In der Regel gehen wir mit dem Hund zunächst die „guten" Hauptbaue an. Klappt es an diesen nicht oder reicht einfach die Zeit noch, sind auch die „Nebenbaue" an der Reihe. Erfolg ist an ihnen eher die seltene Ausnahme. In meiner nicht ganz kurzen Baujagdpraxis waren es jedenfalls – revierbezogen – immer wieder dieselben Bau und insgesamt auch immer nur einige wenige, aus denen Füchse gesprengt wurden. Diese Erfahrung teile ich mit vielen meiner Freunde und Kollegen. Rund zwei Drittel der Baue konnte man bei uns – wo es jede Menge Baue gab – getrost vergessen. In ihnen steckte so gut wie nie ein Fuchs.

Altfüchse haben einfach bevorzugte Stammburgen. In denen kennen sie sich bestens aus, und ihre Duftmarken sorgen dafür, dass der Besitzstand von Artgenossen weitgehend respektiert wird. Das mag in Revieren, in denen Füchse nicht bejagt, sondern bekämpft werden, etwas anders sein. Wo man die Altfüchse schon im Frühjahr oder Sommer umlegt, treiben sich im Winter überwiegend zugewanderte Jungfüchse herum; die haben noch keine Stammburgen und vermutlich – mangels Masse – auch wenig Angst vor revierbesitzenden Altfüchsen!

Die Stammburgen erfüllen somit mehrere Funktionen. Sie werden von den Fähen als Wurfbaue bevorzugt; sie dienen rund ums Jahr als „Kommunikations-Zentren" und in der Ranz als Rendezvousplätze. Wer sich informieren will oder wer „etwas sucht", der marschiert zu einem Hauptbau, nicht zu einem Nebenbau – auch der Jäger!

Wann stecken die Füchse?

Als Kinder lernten wir, dass Füchse „in einem Bau wohnen". Später, als zwar noch waffenloser, gleichwohl bereits einen Terrier führender Jungjäger, war ich der Meinung, dass Füchse das ganze Jahr über ihre Baue aufsuchen und in diesen zumindest teilweise den Tag verbringen. Das war, was auch jene „Alterfahrenen“ glaubten, mit denen ich Umgang hatte und die selbst keine Bauhunde führten. Eine Schliefenanlage zum Einarbeiten von Bauhunden gab es weit und breit nicht, also ließ man Junghunde halt in die Naturbaue – gerade und vor allem im Sommer. Nun suchen Füchse, vor allem Rüden, ihre Baue ja tatsächlich auch in der warmen Jahreszeit auf, auch wenn sie ihn nicht wirklich annehmen. Sie markieren auf dem Bau und schliefen gelegentlich wohl auch kurz durch. Das genügt, um sie für einen passionierten Junghund interessant zu machen. Was mich als Bub nachdenklich stimmte war, dass der Hund die ihm angebotenen Baue zwar zunehmend passionierter absuchte, manchmal auch kurz Laut gab – besonders, wenn ich ihn von außen anrüdete –, aber nie ein Fuchs sprang. Das änderte sich im ersten Winter, als der gute „Elch“ so knapp ein Jahr alt war. Allerdings sprang der Fuchs auch dann nicht immer. Lautes „Kläffen“ bedeutete nicht zwingend, dass auch ein Fuchs steckte. Ich hatte es ihm durch meine Unerfahrenheit anerzogen. Eine daraus gewonnene Lehre war die, dass Füchse ihre Baue eben nicht das ganze Jahr hindurch nutzen, sondern fast nur im Winter und während der Aufzucht der Welpen. Die andere, dass es absolut kontraproduktiv war, den Hund anzurüden, auch wenn uns das die „Alterfahrenen“ immer noch vorexerzierten.

Wir müssen einfach einmal überlegen: Was kann einen Fuchs veranlassen, einen Bau aufzusuchen? Der vordringlichste Grund ist der, einen geschützten Wurf- und Aufzuchtsort für die Welpen zu haben. Das ist eine relativ kurze Zeit, meist im Vorfrühling. Doch dazu bedarf es nicht unbedingt eines Baus im klassischen Sinne. Fähen nutzen zur Anlage ihrer Wochenstube alle möglichen Unterschlupfe. Daheim im Allgäu lagen die Gehecke nicht selten unter den Holzböden von Vieh- oder Gerätehütten im Feld, ja sogar unter Almhütten. Letztere wurden von den Almleuten ja erst bezogen, wenn die Jungfüchse längst ausgelaufen waren. In den 1960er- und 1970er-Jahren, als die Baue noch alljährlich begast wurden, nahmen viele Fähen die Baue überhaupt nicht mehr an, sondern brachten ihre Welpen unter Gerümpel, unter Holzstapeln oder in Drainagerohren zur Welt. Dennoch ist Sicherheit bei Geburt und Aufzucht die wichtigste Funktion der Baue.

Weit weniger wichtig ist der Schutz vor Kälte und Nässe. Die meiste Zeit des Jahres ist es ja außerhalb des Baues gemütlicher als im Bau, selbst im Winter. Auch wir würden an einem sonnigen Wintertag lieber die Sonne genießen als in einer muffigen und manchmal feuchten Erdhöhle zu liegen. In der Nacht, wenn es wirklich kalt wird, sind die Füchse ohnehin unterwegs. Anders mag das bei unangenehmem Wind oder bei Niederschlag sein. Da bietet der Bau Schutz. Mit dem unangenehmen Wind ist das so eine Sache, denn in jedem Revier gibt es auch windgeschützte Örtlichkeiten. Ebenso gibt es überall Örtlichkeiten, die den Fuchs vor Regen schützen, etwa aufgeklappte Wurzelteller, überhängende Felsbrocken oder Holzstapel. Nur im Spätherbst und Winter nimmt der Fuchs bei Nässe gerne den Bau an. Das ist keine pure Vermutung, sondern bei der Baujagd

Fuchs-Notbau.

Nur eine einzige Röhre unter einem Holzpolter, eine Spur, die hineinführt, aber keine heraus. Da müsste etwas gehen!

gesammelte Erfahrung und wird auch durch Ergebnisse der Telemetrie bestätigt (z.B. von Labhardt).

Der dritte Grund, einen Bau anzunehmen, kann der Schutz vor Feinden sein. Doch hier muss man differenzieren, was der Fuchs sicher auch tut. Bei den in Großbritannien üblichen Reitjagden mit der Meute flüchtete der Fuchs wohl häufig in einen Bau, in den ihm weder die Pferde noch die hochläufigen Foxhounds folgen konnten. Das war dann die Sache der Terrier. Die Alternative zum Bau wäre nur das Flüchten bis zur völligen Erschöpfung gewesen. Bei uns nimmt ein bei einer Gesellschaftsjagd hochgemachter und von den Hunden verfolgter Fuchs eher selten einen Bau an. Er verwirrt die Hunde und entkommt ihnen relativ leicht, weil im ganzen Treiben die warme Witterung verschiedenen Wildes hängt. Labhardt hat bei seinen telemetrierten Füchsen festgestellt, dass sie bei Gefahr nur selten Zuflucht in einem Bau suchen; eher flüchten sie vom Bau weg.

Der Schweizer Wildbiologe Darius Weber hat in diesem Zusammenhang nicht nur telemetrisch dokumentiert, dass die Füchse im Winter bei Tag weitgehend außerhalb der Baue ruhen, sondern häufig auch direkt auf diesen oder in unmittelbarer Nähe. Aber noch mehr: Wurden Füchse beim Ruhen vom Menschen gestört, flüchteten sie in aller Regel nicht in den Bau, sondern von diesem weg! Weber: *„Bei Altfüchsen wurden 55, bei Jungfüchsen 43 Fluchten absichtlich ausgelöst, nachdem ihr Ruheplatz* (telemetrisch) *festgestellt worden war. Nur zweimal floh ein Altfuchs in einen Bau.“*

Eine alte Jägerregel besagt, der Fuchs fühle sich, wenn beim ersten Laubfall im Herbst die trockenen Blätter rascheln, tagsüber im Freien zu unsicher und fahre daher ein. Um es kurz zu machen: Das stimmt auch nicht! Anfang und Mitte Oktober, eben wenn das Laub fällt, ist der Fuchs noch recht selten im Bau anzutreffen. Er hat keine Probleme mit dem Rascheln der Blätter. Im Gegenteil, es bietet ihm Sicherheit. Für den Jäger eigentlich ganz einleuchtend: Zur Not kann er sich im trockenen

Tagesruhe im Freien.
Gar nicht selten ruht der Fuchs direkt auf dem Bau.

Sommergras einem Fuchs noch nähern, im raschelnden Herbstlaub nicht!

Hinzu kommt, dass Oktobertage tagsüber meist warm sind; über der Erde jedenfalls wärmer als unter der Erde. Nur bei Nässe – wenn es die Nacht hindurch geregnet hat und tagsüber der Wind bläst – ist es „drunten" eventuell angenehmer.

Nicht wenige Füchse halten sich im Oktober tagsüber auch draußen im Feld auf. Die abgeernteten Getreidefelder erleichtern die Mäusejagd, und in den großen Maisschlägen ist es sicherer und windstiller als im Wald. Nicht weniger willkommen sind Schläge mit Gründüngung oder Zwischenfrucht. Jeder Niederwildjäger kann diese Erfahrung bestätigen.

Noch so eine alte unbrauchbare Jägerregel: Wenn der Fuchs regnerisches Wetter spürt, sucht er den Bau auf … Ein Schmarren, ein absoluter Schmarren ist das! Zur Hauptbeute des Fuchses gehört nämlich der Regenwurm, und der steigt nur bei einer gewissen Feuchtigkeit an die Oberfläche. Gerade an herbstlichen Regenabenden, zu einer Zeit also, wo der Fuchs Winterfeist ansetzen muss, sieht man ihn besonders häufig. Da macht er reiche Beute. Kaum ein Fuchs wird in einer Regennacht im Bau bleiben, weil es ihm draußen zu nass ist.

Das ebenso oft behauptete Gegenteil, nämlich dass der Fuchs nach einer Regennacht den Bau nicht annehme, dürfen wir ebenfalls verwerfen. Darius Weber kommt zu dem Schluss: *„Eine Jägerregel, die besagt, dass ein Fuchs mit nassem Balg nicht in einen Bau geht, wurde geprüft und verworfen."* Hierzu ein Beispiel aus der eigenen Praxis: Es war Ende Oktober und völlig ungewollt. Ich kam von den Holzhauern, die in ihrem Wetterwagen saßen, denn es hatte die ganze Nacht geregnet und regnete immer noch. Der Dackel lief neben mir her zum Auto – nahe vorbei an einem unserer großen Baue. Wie so oft bei Dackeln und ähnlichen Individualisten, versagten ihm die Bremsen, und schwupp war er auf und einen Moment später im Bau. Sch…köter! – „Steckt bei diesem Wetter eh keiner!" Ich ging, öffnete den Wagen, legte das Gewehr auf den Rücksitz, wartete einen Moment und lief dann unbewaffnet hinüber zum Bau. Gerade noch rechtzeitig, um den brillanten Start eines schon recht winterlich gekleideten Fuchses aus einer der Hauptröhren zu erleben. Kurz darauf erschien der Dackel, von cholerischen Zurufen meinerseits unbeeindruckt. Beide – Fuchs und Dackel – verschwanden in regennassen Fernen.

Zufall, dachte ich. Aber irgendwie bohrt so ein Erlebnis doch. Man will's genau wissen und probiert bei nächster Gelegenheit bewusst. Seither erwiesen sich Novembervormittage nach durchregneter Nacht als äußerst günstig für die Baujagd – auch wenn die Jungjäger bei der Prüfung mancherorts immer noch das Gegenteil herunterleiern müssen.

Passionierte Baujäger wissen längst, dass gerade die Spätherbst- und Frühwinterwochen ergiebige Baujagdwochen sind. In dieser Zeit fallen viele Füchse vor dem Hund. Das ist eigentlich auch ganz logisch. Denn nach überreicher Deckung im Sommerhalbjahr wird es jetzt plötzlich hell und kahl im Wald.

Natürlich sind Zahlen und Statistiken immer so eine Sache und mit gewisser Vorsicht zu konsumieren. Wer aus Prinzip erst mit Beginn der Ranz zur Bodenjagd hinauszieht, wird wenig Novemberfüchse verbuchen, und das gilt natürlich auch umgekehrt. Bei mir fielen jedenfalls rund 70 Prozent aller gesprengten Füchse vor der Jahreswende!

So ab der zweiten Novemberhälfte lohnt sich die Baujagd wirklich. Nach meiner Erfahrung – andere Jäger mögen andere Erfahrungen gemacht haben – ist die Wahrscheinlichkeit, den Fuchs im Bau anzutreffen, im Frühwinter, also noch vor der Ranz, am größten. Wenn es in der Adventszeit aus einem Bau heraus nach Fuchs stinkt, dürfen wir ziemlich sicher sein, dass auch ein Fuchs steckt. Während der Ranz ist das anders. Da werden Baue immer wieder von Ranzgesellschaften aufgesucht und ebenso schnell wieder verlassen, etwa wenn die Rüden der Fähe zu aufdringlich werden. Dann bleibt zwar – schon weil die Rüden markieren – der Gestank, nicht jedoch die Füchse. Sie stecken längst in einem anderen Bau. Um es auf den Punkt zu bringen: In der Ranz stecken die Füchse zwar mindestens so häufig wie vor der Ranz, aber nicht in jedem nach Fuchs stinkenden Bau steckt auch ein solcher.

Nach der Ranz – alles ist abgekämpft und die Bälge recht schäbig – stecken beide Geschlechter, vor allem aber die Fähen, öfter und länger im Bau als während der Ranz. Die Fähen mögen schon von gewisser Unruhe getrieben sein. Sie gehen dick und ruhen jetzt fast nur noch unter der Erde; selbst die Rüden stecken jetzt viel. Doch je näher es auf die Welpenzeit zugeht, umso rarer machen sich die Rüden wieder. Spaß macht die Baujagd jetzt ohnehin keinen mehr.

Sind die Jungfüchse im Frühsommer ausgelaufen, geht auch die Fähe nicht mehr in die alte Wohnung. Erwachsene Rüden meiden den Bau schon ab Mitte März. Selbst wenn sie sich, was die Regel ist, an der Jungenaufzucht beteiligen oder (nach Verlust der Fähe) diese ganz übernehmen, wohnen sie jetzt über der Erde. Erst mit beginnendem Herbst erwacht wieder das Interesse an den wind- und sichtgeschützten Kellerwohnungen.

Vorbereitungen

Für die meisten Jäger ist die „Pflege" der Baue überhaupt kein Thema. Dabei sind es meist Kleinigkeiten, die zu tun sind, die aber oft über Erfolg oder Misserfolg einer Baujagd entscheiden. Der Jäger tut einfach gut daran, die Baue schon im zeitigen Herbst anzuschauen und „für Ordnung" zu sorgen. Manchmal wurde auf oder beim Bau Holz geerntet. Dann liegt auf diesem vielleicht kreuz und quer Ast- und Wipfelholz. Wir verlieren die Übersicht, entdecken den springenden Fuchs zu spät, können nicht schießen oder sind zu Schlumpschüssen gezwungen. Das können wir uns ersparen, wenn wir frühzeitig (damit die Füchse sich daran gewöhnen) etwas aufräumen.

Manchmal verändert ein noch nicht aufgearbeiteter Windwurf die Situation, und wir müssen diesen ausasten oder uns einfach einen neuen Stand suchen. Es bedarf keiner Birschsteige zu den Ständen, aber man muss doch halbwegs geräuschlos hinkommen. Auch aufwachsende Naturverjüngung oder Vergrasung, Bewuchs mit Brombeere oder temporäre Holzlager können uns zu Änderungen zwingen.

Standwahl

Auch wenn wir am liebsten alleine am Bau jagen, so sollten wir doch immer zwei Stände einplanen. Wir müssen einfach so flexibel sein wie der Wind! Nicht immer werden wir den idealen Stand finden, noch weniger zwei oder mehr ideale Stände, aber einige Punkte wollen schon beachtet sein:

- Wir sollten die Hauptröhren im Blick haben, ohne dabei dem springenden Fuchs ins Gesicht zu schauen.
- Der Wind soll nicht zu den Hauptröhren stehen.
- Jagen wir nicht alleine, müssen alle Stände so gewählt werden, dass Nachbarschützen nicht zwingend gefährdet werden.
- Die Entfernung zur Hauptröhre soll nicht viel weniger und nicht viel mehr als zehn Meter betragen. Diese Forderung ist nicht immer zu erfüllen, schon gar nicht bei größeren Bauen.
- Das Schussfeld sollte zumindest 30 Meter betragen, also eine Schrotschussweite. Je weiter das Umfeld des Baues einsehbar ist, umso besser. Dann können wir einen beschossenen und nicht am Anschuss liegenden Fuchs noch ein Stück mit unseren Augen verfolgen und eventuell erkennen, ob er doch Schrote bekommen hat.

Je nach Situation kann es durchaus sinnvoll sein, gar nicht am Bau selbst abzustellen, sondern ein Stück entfernt. Dazu muss man überlegen, wohin der gesprengte Fuchs wahrscheinlich flüchten wird. Das lässt sich natürlich selten mit Gewissheit sagen, weil wir uns bei der Baujagd immer in einer Sondersituation befinden. Doch so ein paar Grundsätze gibt es, die wir getrost unterstellen dürfen:

- Der Fuchs wird bevorzugt die nächste Deckung annehmen. Das kann ein Jungwuchs, eine Dickung oder ein Stangenholz sein, aber auch ein Schlag oder ein Waldstück, in dem noch das eingeschlagene Holz liegt.

Fuchsbau im Altholz.

Wahrscheinlich wird ein aus dem im Altholz liegenden Bau springender Fuchs den Windwurf annehmen. Erreicht er ihn, ist er in Sicherheit.

- Der Fuchs wird, wenn möglich, das kahle Feld meiden.
- Menschliche Witterung oder erfasste Bewegungen können den Fuchs auch scheinbar irrational flüchten lassen.

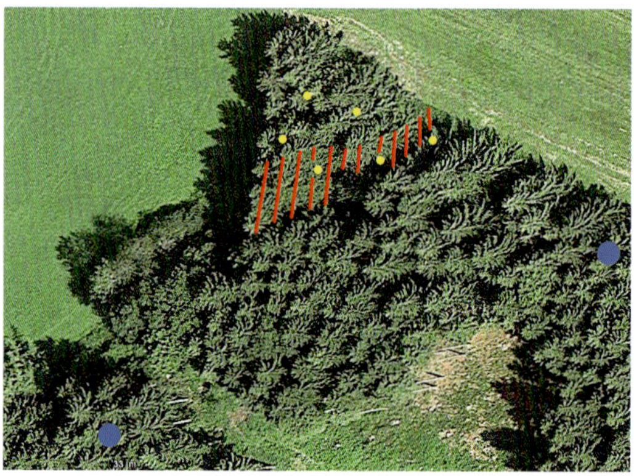

Zur Verdeutlichung eine Situation aus der Praxis.

Der Bau liegt in einer Waldecke, umgeben von Wiesen. Die Röhren *(gelbe Punkte)* liegen teils in einem Jungwuchs *(rot schraffiert)*, der das Baumholz abriegelt. Zwei Schützen *(blaue Punkte)* werden an Zwangswechseln postiert.

Verhalten auf dem Bau

Meine Vorliebe dafür, die Baujagd ohne Begleitung auszuüben, ist wohlbegründet. Und wenn ich all die „Mitjäger“ Revue passieren lasse, denen ich bei Baujagden schon begegnet bin, fällt mir das Wort „Laienspielgruppe“ ein. Hier eine kleine Liste der bei der Baujagd begangenen „Verbrechen“:

- Jäger verlassen ihren Stand und laufen zum Bau, weil sie feststellen wollen, woher der Hundelaut kommt.
- Jäger machen durch Zuruf darauf aufmerksam, dass sie etwas hören.
- Jäger suchen sich, während der Hund im Bau arbeitet, einen anderen Stand.
- Jäger rüden den über der Erde erschienenen Hund an, damit er neuerlich einfahren soll.
- Jäger rufen oder pfeifen dem Hund, wenn er aus dem Bau kommt und dessen Umgebung absucht.
- Jäger geben dem Hundeführer oder Jagdleiter „Tipps“, was zu tun sei.
- Jäger gehen immer wieder in Probeanschlag in Richtung Nachbarschütze.
- Jäger treten abwechselnd mit den Beinen auf, weil sie kalte Füße haben.
- Jäger oder Hundeführer trampeln auf dem Bau herum oder rufen in die Röhren.
- Jäger schießen, noch ehe der Fuchs den Bau richtig verlassen hat.

Das sind längst nicht alle Möglichkeiten von Fehlverhalten.

Wie aber verhält man sich richtig? Ganz einfach:

– Man hält beim Anstellen das Maul und nimmt schweigend seinen Stand ein.
– Man orientiert sich, wo die Mitjäger stehen und darüber, wohin man aus Sicherheitsgründen keinesfalls schießen darf.
– Man orientiert sich, wo die Hauptröhren sind.
– Man orientiert sich, bis wohin man maximal schießen kann.
– Man hält die geladene und gesicherte Flinte mit beiden Händen so, dass sie nicht auf einen Nachbarn zielt.
– Man steht oder sitzt still, ohne vermeidbare Bewegungen.

Wenn eine Kommunikation zwischen Jagdleiter und Jäger notwendig ist, dann genügt meist eine diskrete Kopfbewegung.

Ist ein Fuchs gesprungen, wird zunächst bei voller Konzentration stehen- oder sitzengeblieben, bis der Jagdleiter Zeichen zum Abbruch gibt. Dann wird zuerst die Flinte entladen! Es ist unglaublich, wie viele Jäger hernach mit geladener Flinte über nasses oder überreiftes Astwerk oder vereisten Boden davonstapfen! – Welch ein Glück, dass der Tod ein bereits ziemlich vertrottelter, alter Mann ist. Er könnte bei Baujagden viele Jäger rekrutieren!

Was nun unser Verhalten am Bau betrifft, so seien abschließend noch zwei Beispiele aus der eigenen Praxis erlaubt:

Zwischen Weihnachten und Neujahr war ich zum Fuchssprengen eingeladen. Der erste Bau hatte zahlreiche Röhren und lag in einer feuchten, ausgezäunten Mulde, mitten in einem Wiesenhang. Die Mulde war vor allem mit Schilf und Öhrchenweiden bewachsen. Sechs Jäger, einschließlich der beiden Hundeführer, hatten die Fläche umstellt; der Bau selbst war nicht einsehbar. Ein Fuchs sprang, lief mich durchs Schilf an und wurde geschossen. Danach sprang mindestens noch ein zweiter, machte aber kehrt, als ein Jäger laut „Achtung, Fuchs!" rief. Daraufhin sprang keiner mehr.

Ende Januar war ich im selben Revier wieder zum Fuchssprengen eingeladen. Wie beim ersten Mal parkten wir unsere Fahrzeuge unterhalb des eben genannten Baues an einem Feldweg. Beim Hinfahren – kurz nach 9 Uhr, Ranz – sahen wir einen Fuchs, der gerade im Schilf verschwinden wollte, zehn Meter von den ersten Röhren entfernt. Er verhoffte kurz, äugte zu uns herunter, drehte und ging flüchtig über die Wiesen in Richtung der maximal zweihundert Meter entfernten Häuser ab!

Ich bin felsenfest davon überzeugt, dass er im Dezember beim ersten Sprengen mitbeteiligt war und dabei gelernt hatte.

Der nächste Bau lag in einem kleinen Moorwäldchen, das ebenfalls ringsum von Wiesen umgeben war. Er war leer. Aber kaum hundert Meter weiter befanden sich noch zwei Röhren, die wir kontrollieren wollten. Der nächste Schütze stand etwa dreißig Meter von mir entfernt, die übrigen waren außen postiert. Unkorrekterweise liefen die Hunde – ein Dackel, ein Terrier und ein Kleiner Münsterländer – frei und begannen, noch bevor wir unsere Stände eingenommen hatten, lauthals zu jagen. Schließlich drehte sich die Jagd, die eigentlich gar keine war, nicht viel weiter als vierzig Meter vor uns im Kreis. Da wurde, für mich zunächst unsichtbar, zwischen mir und meinem seinen Stand einnehmenden Nachbarn ein Fuchs hoch, der – trotz stürmischen Schneetreibens – außerhalb des Baues geruht hatte, und flüchtete gemütlich auf die Hunde zu. Bis der Nachbar die Patronen in den Läufen hatte, war es zu spät.

Dem Fuchs schienen die drei spurlauten Hunde kalkulierbarer als Jäger und Bau. Damit hatte er übrigens Recht. Die hinterlassene Wolke frischer Fuchswitterung verwirrte die Hunde zunächst. Bis sie den Abgang gefunden hatten, war der Fuchs über alle Berge. Der fast zum Sturm angewachsene Wind stand überdies auf dessen Seite. Bemerkenswert war für mich, dass der Rote – trotz des Sauwetters – sein Lager auf dem Bau bezogen hatte.

Flinte und Schrote

Selbst bei den jüngeren Jägern ist die Zahl jener, die glauben, je größer ein Wild, umso gröber müssten auch die Schrote sein, mit denen es beschossen wird, erstaunlich groß. Und so erscheinen immer wieder Jäger mit Patronen der alten Nummer 1 (= 4 Millimeter) zur Baujagd. Sie glauben, damit auf größere Entfernung schießen zu können. Das ist Unfug, denn so eine Patrone enthält im Kaliber 16/70 gerade einmal 80 Schrotkörner! Bei 3,5 Millimeter sind es 50 Prozent mehr und bei 3 Millimeter mehr als doppelt soviele. Beim Schrotschuss kommt es aber in erster Linie auf die Zahl der Treffer an, nicht so sehr auf Gewicht und Durchmesser der einzelnen Schrote.

Alte Hahnflinte und Schrotpatronen.

Am Luderplatz, bei der Baujagd und beim Reizen kommt der Jäger, wenn' s sein muss, durchaus auch mit einer Doppelflinte zurecht.

In vielen Fällen ist das Schussfeld bei der Baujagd ohnehin begrenzt. Da ist es besser, die Schrote eine Nummer kleiner zu wählen und sich, was die Schussweite betrifft, weise zu beschränken.

Inzwischen sind in Teilen Europas Bleischrote schon völlig verboten, also nicht nur bei der Jagd am Wasser. Viele Jäger befürchten, deshalb wesentlich gröbere Schrote verwenden zu müssen, was zu Lasten der Deckung ginge. Das muss aber nicht sein. Frank Heil, erfahrener Jäger und Fachjournalist im Bereich Schießwesen, der selbst weit über 1.000 Füchse geschossen hat, rät bei Verwendung von Weicheisen- oder Zinkschroten, diese zwei Nummern größer zu wählen als mit Bleischroten gewohnt. Bei Kupferschroten nimmt er eine Nummer gröber. Bei Wismut- oder Wolframschroten bleibt er hingegen bei der gewohnten Stärke. Das heißt, er verwendet Schrote der Nummer 4, also 3,25 Millimeter. Das werden die Anhänger der groben Schrote als viel zu gering ansehen. Aber die Wirkung des Schrotschusses beruht eben nicht auf der Stärke der Schrote, sondern auf ihrer Deckung. Der Verfasser schoss übrigens als Berufsjägerlehrling – sehr zum Entsetzen seines Lehrherrn – seine ersten beiden Füchse im Winterbalg mit Schroten Nummer 7 = 2,5 Millimeter! Die Entfernung betrug in beiden Fällen allerdings kaum mehr als 25 Meter.

Verhältnisse in der Ranz

In der Ranz stimmt alles und nichts! In dieser Zeit werden die Baue von den Füchsen stark angelaufen. Da sie aber sehr unruhig, unbeständig und auch am Tage mobil sind, trifft der Baujäger auch viele genutzten Bau leer an. So, wie die Füchse in der Ranz mehr laufen als sonst, muss auch der Baujäger mehr laufen. Doch dieses Manko wird dadurch wettgemacht, dass eher selten ein Fuchs alleine steckt. Mehrheitlich sind es zwei oder gar mehr. Damit wird das Verhältnis bejagter Baue zu gesprungenen Füchsen wieder ausgeglichen.

Während der Ranz, aber auch noch danach, finden wir bei Schnee auf den Hauptbauen ausgetaute, vom Sand oder Lehm braun gefärbte Fuchslager. Manche Jäger sind der Meinung, die Füchse würden des Nachts hier ruhen. Mitnichten. Es sind ausgesprochene Tagesruhelager!

Da sie häufig noch absolut frisch sind, weil der Fuchs erst das Weite gesucht hat, als der Jäger nahte, liegt auch dicke Fuchswitterung über dem Bau. *„Es stinkt* (vermeintlich) *aus dem Bau nach Fuchs. Da muss also einer stecken"*, so die vorschnelle Einschätzung. Natürlich regt sich auch der Hund gewaltig auf, fährt mit Hurra unter die Erde, sucht den ganzen Bau ab – und wird schließlich zum „Köter", weil er den Fuchs nicht herausbringt… Verlässt er schließlich den stinkenden Keller und verschwindet kläffend im Busch, *„gehört die Töle erschossen"*… Das klingt jetzt furchtbar hart und sehr abwertend, aber sind wir doch ehrlich: Hatten wir nicht alle schon (zumindest am Anfang unserer Baujagdlaufbahn) derartige „Probleme"?

Bei solchen Gelegenheiten werden baulaute Hunde erzogen! Der Jäger riecht den Fuchs ja selbst, der muss einfach stecken! Und die Reaktion des Hundes ist auch eindeutig, er ist ja ganz verrückt und will schliefen! Also wird er ständig neu angerüdet und in den – leeren – Bau geschickt. Fängt er in seiner Verzweiflung (besser gesagt in seiner Aufregung) auch noch an Laut zu geben, erntet er das erste Lob. Jeder „denkende" Hund zieht daraus den Schluss: *„Nur kräftig bellen, da freut sich das Herrchen…"*

Und weil bei aller Mühe – in den meisten Fällen – doch nichts aus dem Bau (außer dem Hund, hoffentlich) herauskommt, wird eine Ausrede fällig: Entweder ist der Hund einfach noch zu jung und zu unerfahren, oder es handelt sich um einen ganz geriebenen, starken Altfuchs mit negativen Erfahrungen.

Gleichwohl warten manche Bauhundebesitzer geduldig auf die Ranz. Vielleicht sind sie im November und Dezember des

Öfteren leer ausgegangen, während sich nun in der Ranz auf allen besseren Bauen Spuren finden, und ihnen scharfe Fuchswitterung entgegenschlägt? Stimmt. Doch tatsächlich verhält sich die Sache etwas differenzierter. Es stimmt nämlich keineswegs, dass die Füchse während der Ranz bevorzugt unter der Erde anzutreffen sind. Richtig ist nur, dass die Baue zu dieser Zeit am stärksten frequentiert sind (worüber wir an anderer Stelle schon gesprochen haben). Doch das ist nicht dasselbe.

Zweifellos: Wenn man in der Ranzzeit die Baue abklappert und wenn es überdies Schnee hat, findet man die Hauptbaue befahren. Nicht selten stecken tatsächlich mehrere Füchse in einem Bau. Bis zu fünf Rüden plus Fähe wurden schon aus einer Burg gesprengt. Viele Spuren, überall gegenwärtiger „Duft" und gelegentlicher Erfolg lassen schnell den Eindruck entstehen, die Ranz sei tatsächlich die beste Zeit für den Bodenjäger. Trotzdem stecken – insgesamt gesehen – deutlich weniger Füchse als im Frühwinter.

Schon die Tatsache, dass wir während der Ranz häufig auch am hellen Tag (insbesondere am Vormittag) in Wald und Feld ganzen Hochzeitsgesellschaften begegnen, zeigt, dass die Füchse um diese Zeit recht wenig zu Hause sind. Das müsste uns nachdenklich stimmen.

Die zahlreichen Spuren und der über vielen Bauen schwebende, auch für uns armselige Riecher wahrnehmbare Duft entstehen größtenteils in der Nacht, wenn die Füchse stundenlang unterwegs sind, vor allem, wenn die Fähen sich immer wieder in den Bauen ihren Werbern zu entziehen suchen. Darius Weber, der im Rahmen eines Forschungsvorhabens das Verhalten von Füchsen im Saarland untersuchte, hatte „seine" Füchse mit kleinen Sendern versehen und konnte daher ziemlich genau sagen, wann sie sich wo aufhielten. Er schreibt: *„Während der Ranz werden nur noch wenige Baue regelmäßig aufgesucht. Auch jetzt verbringen die Füchse ihre Ruhezeit hauptsächlich über der Erde, doch sind sie nachts in den Ranzbauen sehr aktiv."*

Fähe und Rüde.

In der Ranz werden die Baue zwar stark frequentiert, trotzdem halten sich die Füchse auch am Tage viel im Freien auf.

In der Ranz muss der Jäger einfach Geduld aufbringen. Nicht nur weil es oft stinkt, aber kein Fuchs steckt, auch weil ebenso oft mehr als nur ein Fuchs steckt. Je mehr Füchse sich in einem Bau aufhalten, umso mehr stinkt es in den Röhren nach ihnen. Der Hund befindet sich dann im gleichen Dilemma wie in einer Dickung, in der die Rehe zwar ständig vor ihm ausweichen, die Dickung aber nicht verlassen. Ruckzuck stinkt es überall nach Reh oder in unserem Fall nach Fuchs, aber es ist für den Hund oft mühsam, am Fuchs dranzubleiben.

Umgekehrt kann es aber auch sein, dass zwar der ganze Bau nach Fuchs stinkt, aber nur noch einer oder auch gar keiner mehr steckt. Der Hund ist „voll aufgedreht“ und will es nicht glauben, dass der Bau bereits leer ist. Er kommt immer wieder einmal ans Tageslicht, sucht vielleicht auf dem Bau, prüft hier eine Röhre und dort eine andere, fährt neuerlich ein und gibt sogar Laut. Das Problem dabei ist nicht so sehr, dass der Hund „nichts weiß", sondern dass wir noch weniger wissen!

Auch wenn wir überzeugt sind, dass der Bau leer ist, sollten wir uns völlig passiv verhalten und den Hund arbeiten lassen, auch wenn darüber Zeit verlorengeht. Der Hund lernt nicht dadurch, dass er sich unserem Willen beugt und unsere Befehle befolgt, sondern dadurch, dass er im Bau selbst Erfahrung sammelt.

Wir bleiben folglich stehen, konzentrieren uns auf die Arbeit des Hundes (soweit wir sie akustisch „beobachten" können) und vor allem auf die Röhren. Erfahrungsgemäß springt der erste Fuchs am schnellsten. Hat es draußen gekracht, wissen alle seine noch im Bau befindlichen Kollegen, was gespielt wird und vermeiden solange wie möglich zu springen. Dabei spielt es eine große Rolle, ob ein Fuchs bereits negative Erfahrungen gemacht hat.

Die Sicherheit des Hundes

Der alte Frieß schreibt in seiner „Bodenjagd" im Jahr 1961 noch:

> Eine Hauptregel ist es auch, dem Hund, bevor man ihn schliefen läßt, die Halsung abzunehmen.

Aktuell würde man das Wort „abzunehmen" durch „anzulegen" ersetzen. Denn inzwischen ist es fast selbstverständlich, den Hund bei der Baujagd mit einem Sender zu versehen, mit dessen Hilfe sich der Standort des Hundes, auch unter der Erde, einigermaßen genau feststellen lässt. Das kann notwendig werden, wenn sich Raubwild und Hund verbissen haben oder der Hund aus irgendeinem Grund den Ausstieg aus dem Bau nicht mehr schafft.

Solche Ortungsgeräte bestehen aus einem kleinen, den Hund nicht bei der Arbeit behindernden und an einer Halsung angebrachten Sender und einem Empfänger. Gute Geräte, die im

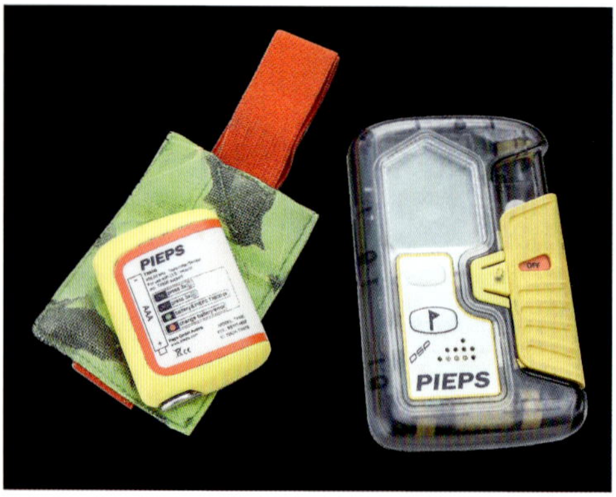

Bauhundsender.

Sender sind heute bei der Baujagd fast obligat. Sie erlauben die Ortung des Hundes unter der Erde auf zehn Zentimeter genau.

Moment so um die 600 Euro kosten, messen die Tiefe, in der sich der Hund befindet, auf zehn Zentimeter genau. Das spart bei einem notwendigen Einschlag unglaublich Zeit und kann dem Hund das Leben retten.

Theoretisch kann der Hund mit dem Senderhalsband unter der Erde hängenbleiben, was aber äußerst selten vorkommt. Er kann dann aber präzise geortet und ausgegraben werden. Manche Bauhundeführer nehmen auch den Sender vom Halsband und fixieren ihn mit Klebeband an der Rute des Hundes. Ich gehe – ohne es probiert zu haben – davon aus, dass ein an der Rute befestigter Sender den Hund doch einigermaßen irritiert.

Ist der Bau befahren?

Wenn in einem Bau der Dachs haust, ist das ziemlich leicht zu erkennen. Dachse sind ziemlich aktive Baunutzer, die ständig erweitern, ausräumen und Material einfahren. Vor den regelmäßig benutzten Röhren finden wir eine tiefe Rinne – das Geschleif. Solange der Boden nicht hartgefroren ist, finden wir in ihm die Spuren. Selbst bei gefrorenem Boden bleibt die Anwesenheit des Dachses nicht verborgen, was schon damit zusammenhängt,

Dachsbau.
Vom Dachs bewohnte Baue sind leicht an der mehr oder weniger tiefen Rinne zu erkennen, die der Dachs schafft, wenn er rückwärtsgehend das Erdmaterial aus dem Bau schiebt.

dass selten ein Dachs alleine im Bau lebt. Fast immer sind es Familien. Da wird vor der Röhre der Sand aus der Schwarte geschüttelt und altes Haar hinterlassen. In unmittelbarer Baunähe finden wir die Abtritte – Kotgruben. Im Herbst tragen Dachse Polstermaterial – trockenes Gras, Heu und Laub – in den Bau, was leicht zu erkennen ist.

Erinnerung

Irgendwann in den 1980er-Jahren war ich „bauhundlos“ geworden und auf der Suche nach einem Dackel. Da bot mir ein Jäger eine gut einjährige Jagdterrierhündin an, der es an Schärfe mangeln und die deshalb für die Bauarbeit ungeeignet sein sollte. Auch mein allererster Hund war ein Terrier, und damals schwor ich, mich nie mehr mit einem Vertreter dieser Rasse abzugeben – 95 Prozent Schärfe und 5 Prozent Hirn! Doch der Hinweis auf die mangelnde Schärfe machte mich neugierig. Wenn ein Züchter einen Junghund anbot, weil dieser angeblich untauglich war, dann durfte man hoffen! Wir beide, Heidi und ich, schauten uns also, trotz des immer noch gültigen Vorsatzes, die Hündin an. Irgendwie hatten wir beide ein gutes Gefühl und nahmen sie mit ins Allgäu. Um es kurz zu machen: Iris wurde eine mehr als nur brauchbare Jagdbegleiterin. Sie machte alles, was man von ihr erwarten durfte und benahm sich wie ein normaler „Mensch“. Vor allem aber entwickelte sie sich, ohne jede Einarbeitung am Schliefenfuchs, zu meinem mit Abstand besten Bauhund! Sie gehörte nicht zu jenen überzüchteten Deppen, die sich bis ins hohe Alter (oft zum Stolz ihrer Besitzer) und völlig unbelehrbar mit jedem Dachs anlegen und die ausschauen wie Mitglieder schlagender Verbindungen. Sie hatte Hirn, und sie war ein angenehmes Familienmitglied. Die Geschichte dieses Hundes – wie die unserer anderen Jagdhunde – habe ich ausführlich in dem Buch „Unsere Hunde“ beschrieben. *(Siehe Seite 255!)*

Iris war schon fast ein Jahr bei uns, als ich an einem trüben Novembersonntag nach dem Mittagessen mit ihr ins Revier ging. Es war ein spontaner Einfall: Kaum fünfzehn Minuten von unserem Forsthaus entfernt, gab es direkt neben einem alten Weg einen Bau. Eine Röhre oben und zwei weitere im steilen Hang. Es war das erste Mal, dass ich ihn bejagte, und meine Erwartungen waren nicht allzu groß. Beim Bau angekommen, suchte ich mir einen Stand an der Hangkante, von dem aus ich alle drei Röhren im Blick hatte. Patronen in die Flinte, zwei Reservepatronen – der Mensch neigt zum Größenwahn – in die Parka-Tasche, dann ein Blick zu der neben mir sitzenden Iris, ein leichtes Kopfnicken, und schon fuhr sie ein. Kaum unter der Erde, wurde sie laut. Gedämpft, auf- und abschwellend, drang es aus der oberen, unmittelbar neben dem alten Weg gelegenen Röhre heraus. Und wie ich so stand, die Flinte bereits im Voranschlag, fuhr auch schon der Fuchs heraus und roulierte wenige Meter weiter. Gleich darauf erschien Iris, schaute kurz zum Fuchs und fuhr neuerlich ein. Doch diesmal blieb sie stumm. Kurz schaute sie aus einer der weiter unten im Hang mündenden Röhren, um gleich darauf wieder oben zu erscheinen. Das war typisch für sie. Sie suchte die Baue zuverlässig ab und verunsicherte die Füchse dadurch, dass sie immer wieder von einer anderen Seite zu ihnen stieß. Nun hatte sie genug und widmete sich dem, der dort lag.

Alles war fast furchtbar schnell gegangen. Nicht viel mehr als zwei Minuten mochten von ihrem Einfahren bis zum Schuss vergangen sein. Das war ihr absoluter Rekord! Die Flinte aufgeklappt, den Ruch der abgeschossenen Hülse eingezogen, den Fuchs außen auf den Rucksack gebunden, und zehn Minuten später waren wir wieder daheim.

Der Ansitz am Bau

Erst einmal schauen

Im Herbst schafft der Dachs Polstermaterial für den Kessel in den Bau hinein, wobei an der Einfahrt Halme oder dürres Laub abgestreift werden. Und im Laufe des Winters schafft er feuchtes und verrottetes Material wieder hinaus, um danach frisches einzutragen. Das alles bleibt unseren Augen nicht verborgen.

Die Anwesenheit des Fuchses ist nicht so auffällig. Er nutzt auch ganz gerne kleinere Baue, die er für sich alleine hat. Haust er in einem größeren, auch von einer Dachsfamilie bewohnten Bau, benutzt er eher Nebeneingänge. Bei Schnee ist ziemlich sicher zu erkennen, welche Röhren von wem regelmäßig benutzt werden. Spinnweben am Röhreneingang sagen, dass hier niemand ein und aus geht. Manchmal treten seitlich auch Wurzeln zutage, oder es hängt eine Dornranke vor die Einfahrt. An solchen

Aktive Baukontrolle durch den Jäger.

Drei dünne Zweige vor der Röhre zeigen, dass diese nicht benutzt wurde.

Hindernissen werden Haare abgestreift, die allerdings zeitlich schwer zuordenbar sind.

Der Jäger kann seine Baue natürlich auch aktiv kontrollieren, indem er vor die Röhren dünne Zweige steckt oder einen Zweig so über die Einfahrt legt, dass dieser von ein- oder ausfahrendem Raubwild beiseite geschoben werden muss.

Wo sitzen wir?

Ja, natürlich auf einer Leiter am Bau oder in dessen unmittelbarer Nähe. Bei der Entscheidung, wo wir die Leiter aufstellen, sind so ziemlich dieselben Kriterien zu berücksichtigen wie bei der Standwahl auf der Baujagd.

Da ist zunächst einmal der Wind; da wir an einem Bau kaum zwei Leitern aufstellen werden, ist es sinnvoll, den Platz so zu wählen, dass er bei Ost- wie bei Westwind passt.

Auf keinen Fall soll der ausfahrende Fuchs uns ins Gesicht schauen. Also ist es angebracht, die Leiter etwas seitlich zu pos-

Fuchs beim Ausfahren.
Es ist sehr ungut, wenn uns der ausfahrende Fuchs ins Gesicht schaut. Daher die Leiter lieber etwas seitlich der Hauptröhren aufstellen.

Sand vor dem Bau.

Der Sand, den sich der Fuchs aus dem Balg geschüttelt hat, zeigt, dass der Bau angenommen ist.

tieren. Wenn wir sie dann noch etwas mit Brettern verblenden und sie zusätzlich mit einem kleinen Dach versehen, sitzen wir nicht nur trocken, unser Sitz wird auch leicht abgedunkelt, und die Verschalung verbirgt Bewegungen der Beine oder Arme.

Wir müssen die Leiter halbwegs kommod und geräuschlos erreichen. Ein notwendiger Steig wird häufig auch vom Raubwild gerne angenommen.

Wann sitzen wir?

Früh! Gemeint ist nicht in der Früh, sondern früh am Nachmittag. Zur Zeit der Wintersonnwende wird es im Holz schon um 16.30 Uhr dunkel, vor allem bei mit Wolken verhangenem Himmel. Ist der Himmel jedoch klar, macht sich der Fuchs oft schon am Spätnachmittag auf den Weg, mitunter bereits um 15.30 Uhr. Folglich ist es gut, wenn wir etwas früher sitzen – so um 15 Uhr.

Wir sollten auch nicht zu früh abbaumen. Mitunter verschläft ein Fuchs und kommt erst im letzten Licht aus dem Bau. Das eigentlich Schlimme ist dann nicht, dass wir schon weg sind, sondern dass er dann auf unsere frische Spur kommt und seine Schlüsse zieht. Daher sitzenbleiben, bis das Schusslicht wirklich zu Ende ist!

In der Regel – es wurde vorhin bereits gesagt – schüttelt sich der Fuchs, wenn er aus dem Bau kommt, erst einmal den Sand aus dem Balg. Viele Jäger verlieren dabei die Nerven und schießen. Dann aber kann es sein, dass der Fuchs – obwohl tödlich getroffen – wieder in der Röhre verschwindet. Ist kein Bauhund zur Stelle, der den im Bau verendeten Fuchs zuverlässig zieht, beginnt eine meist mühsame Grabarbeit, bei eventuell gefrorenem Boden. Es gibt aber auch noch eine andere Möglichkeit, nämlich die, dass der verendete Fuchs noch in derselben Nacht von seinen Artgenossen entsorgt wird. Wir erinnern uns: Füchse sind Kannibalen!

Grundsätzlich sollten wir warten, bis der Fuchs sich so um die fünf Meter von der Röhre entfernt hat, ehe wir schießen. Dieses Warten hat aber auch noch einen anderen Grund: Nicht selten folgt dem ersten ein zweiter Fuchs. Zumindest mit der Flinte oder dem Drilling ausgerüstet, gelingt dem Jäger dann gelegentlich eine Dublette.

Natürlich kann auch der Frühansitz erfolgreich sein. Dabei kommt der Fuchs selten schon unmittelbar nach dem Tagwerden. Die meisten Füchse lassen sich morgens Zeit. Wenn es um 7 Uhr hell wird, kommen sie eher um 9 Uhr an den Bau als um 8 Uhr. Dies gilt ganz besonders in der Ranz, wenn Ranzgesellschaften noch lange im Feld unterwegs sind.

Füchse, die am Morgen zum Bau kommen, egal ob einzeln oder als Ranzgesellschaft, fahren selten spontan ein. Vor allem Einzelfüchse kontrollieren in der Regel zunächst die Röhren und markieren auch, ehe sie unter die Erde gehen. Schließlich will ja jeder wissen, ob und wer ihn eventuell im Bau erwartet. Dadurch hat man fast immer ausreichend Zeit, sich zu richten und zu schießen.

Direkt auf dem Bau beschossene Füchse fahren, besonders wenn sie mit der Kugel beschossen wurden, oft noch ein. An kalten Morgen, wenn der Jäger nach vielleicht schon zweistündigem Sitzen trotz Ansitzsack ziemlich durchgefroren ist, schießt es sich nicht mehr so präzise, zumal er am Bau – je nachdem, welche Röhre der Fuchs annimmt – freihändig oder eben doch recht „improvisiert“ schießen muss. Gerade auf geringe Entfernung wird mit der Kugel häufig gefehlt oder eben nicht sauber getroffen.

Besser – auch des Balges wegen – sind nicht zu grobe Schrote. Je mehr Schrote den Fuchskörper treffen, umso höher ist die Tötungswirkung. Es geht nicht um Organzerstörung wie beim Kugelschuss. Wer die Entfernung von 30 (!) Meter nicht überschreitet, kann bedenkenlos mit Schrot Nummer 5 schießen, also 3 Millimeter. Die Entfernung lässt sich am Bau leicht markieren. Wenn sich die Möglichkeit bietet, schießt man den Fuchs am Morgen, noch ehe er den Bau erreicht hat – in dem Fall eventuell mit der kleinen Kugel.

Ich habe mehrfach erlebt, dass Füchse gar nicht einfuhren, sich vielmehr auf dem Bau häuslich niederließen. Aber auch, dass sie einfuhren und kurz darauf wieder erschienen und sich dann auf dem Bau zur Ruhe betteten. Solches ist besonders an sonnigen Morgen zu beobachten. Der Jäger muss nur einmal bei Schnee aufmerksam die Baue kontrollieren. Häufig findet er dort kleine vom Sand oder Lehm gefärbte Lager, nicht viel größer als eine Hasensasse, in denen der Schnee getaut oder zusammengelegen ist.

Mitunter kommt ein einzelner Fuchs auch schon recht früh. Hat man ihn erlegt, lässt man ihn liegen und bleibt sitzen. Wenn es sich dabei nicht zufällig um eine bereits abgeranzte Fähe handelt, ist die Wahrscheinlichkeit ziemlich groß, dass innerhalb der nächsten eineinhalb Stunden noch ein zweiter oder gar dritter Fuchs den Bau annimmt. Ranzige Fähen sind kaum allein unterwegs. Rüden, die ihrer Spur folgen, lassen sich auch durch einen Schuss nicht dauerhaft abhalten.

Der Frühansitz am Bau ist eine Alternative zum Nachtansitz am Luderplatz, den uns nur allzu oft Wolken und schlechtes Wetter vermiesen. Aber auch wenn der Mond bereits wieder im

Abnehmen begriffen ist und erst gegen Mitternacht oder noch später erscheint, bringt der Frühansitz am Bau manchmal mehr als der Luderplatz.

Büchse oder Flinte?

Wir Jäger neigen ein wenig dazu, die Dinge zu verkomplizieren, besonders wenn es um Waffen und Kaliber geht. Das mag etwas mit unserem Wohlstand zusammenhängen. Andererseits gedeihen Träume und Wünsche in einer relativen Armut besonders prächtig. Als Jungjäger lernten wir noch so markige Sprüche wie: „Der Drilling ist des deutschen Jägers Universalwaffe." Tatsächlich führten und besaßen viele Heroen meiner Jägerjugend gar kein anderes Gewehr. Mit dem Drilling ließ es sich ebenso Hühner jagen wie Sauen schießen. Auch ich besaß so ein Gerät, trennte mich aber bald wieder von ihm, weil es mir einfach zu schwer war und weil es für einen Jäger im Gebirge elegantere und leichtere Gewehre gibt. Heute – im selben Alter und Wahn wie damals stehend, aber monetär etwas besser ausgestattet – würde ich mir einen „Waldläufer" bauen lassen, darauf ein maximal vierfaches Glas mit flacher Suhler Montage. Ein Waldläufer, auch „Schienendrilling" genannt, ist eine Doppelflinte mit einem Kleinkaliberlauf in der Laufschiene. Also meist zweimal 16/70 und dazwischen .22 Magnum. Sollte das gute Stück etwas eleganter und leichter ausfallen, bietet sich das Schrotkaliber 20/76 an.

Doch bleiben wir auf dem Boden: Die ganz normale Doppelflinte ist auch ohne Glas für den Ansitz am Bau durchaus brauchbar! Ebenso tauglich ist eine Kombinierte mit kleinem Kugellauf. Alles in allem bewerten wir Fragen um unsere Ausrüstung meistens zu hoch. Gespür und Einfühlungsvermögen für das zu bejagende Wild sind ungleich wichtiger als Waffen, Kaliber und Optik!

Bluff ist erlaubt

Baue, die von verschiedenen Füchsen markiert werden, sind besonders interessant. Früher war es ganz selbstverständlich, dass die passionierten Fuchsjäger beim Abbalgen die Blasen ausgetrennt und den Urin aufgesammelt haben. Mit dem haben sie tropfenweise ihre Eisen und auch Baue parfümiert. Gewiss, es klingt nicht besonders appetitlich, ist aber in Zeiten von Einweg- und Gummihandschuhen wirklich kein Problem.

Zum Sammeln von Urin der ranzigen Fähen, gab mir Frank Heil sehr gute Tipps. Er gibt die Blasen der Fähen in Kunststoffdosen mit Schraubdeckel, wo sie sich sauber entleeren lassen. Dann verdünnt er den Urin mit Wasser, maximal im Verhältnis 1:1, und füllt ihn in eine im Handel befindliche Schale mit Gittereinsatz zum Herstellen von Eiswürfeln. Eingefroren lassen sich die Würfel problemlos bis zum nächsten Winter aufbewahren und dann einzeln verwenden. Wieder verflüssigt, lässt sich mit dem Stoff eine Tupf- oder Spritzspur legen oder ein Fixpunkt beträufeln.

Der Gedanke an Fuchs-Urin im Gefrierfach des Kühlschranks mag ungewohnt sein – zu Recht! Aber viele Jäger haben eine Gefriertruhe ausschließlich für Hundefutter, Schleppenwild und Ähnliches. Eine solche ist – manche Ehefrauen werden sich dennoch nach einem Anwalt umschauen – durchaus geeignet und vertretbar.

Duftspuren, egal ob getupft, gespritzt oder mit einem beträufelten Schwämmchen gezogen, legt man am besten quer zur Hauptwindrichtung.

Erinnerung

Advent anno „Es war einmal“. Grauer Wintertag, Temperatur so um die null Grad, kaum knöcheltief Schnee. Damals hatte das Schalenwild auch „draußen“ nach Silvester seine Ruhe und der Berufsjäger ein klein wenig mehr Freiheit, vor allem dann, wenn noch nicht allzu viel Schnee lag. Also ging ich's an, ließ die beiden Hunde im Auto und dieses bei der Alten Jägerhütte stehen, die in Wirklichkeit erst gebaut wurde, als die Neue Jägerhütte längst stand. Oben am Knollerhag befand sich in einem Fichtenaltholz ein Bau, und bei diesem stand eine einfache Leiter. Bis viertel nach fünf kann man Anfang Jänner schießen, zumal bei Schnee. Kurz nach halb drei Uhr saß ich: Gefütterte, wadenhohe Lederstiefel, der damals noch übliche Lodenmantel samt Schal und Handschuhen. Die ärarische Gehaltsstufe „Mindestsicherung“ ließ für solche Ansitze noch kein Spezialgewehr zu. Also – Vorbote versprochenen Wohlstands – der Steyr-Mannlicher im „Universalkaliber“ .222 Rem. Eigentlich angeschafft der vielen damals zu schießenden Rehe und der Mond-Füchse wegen. Universalgewehr, weil ein lieber und fachlich sehr geschätzter Kollege geraten hatte, zur Vorbereitung des Schweißhundes auf die Prüfung das eine oder andere Stück Rotwild damit zu erlegen, was damals zwar verboten, aber durchaus üblich war. Aber das erste damit beschossene Kalb sank einfach lautlos in sich zusammen, und das hernach beschossene Alttier tat es ihm gleich. Damit hatte ich dieses Kapitel meiner frühen Berufspraxis auch abgeschlossen.

Goldhähnchen wisperten, der Pfiff des Zuges weit draußen, der ein aufziehendes Tief ankündigte, ansonsten Schweigen. Eine halbe Stunde vertropfte zwischen den Fichten und noch eine. Langsam kroch Kälte in die Stiefel und in den Kragen hinein. Erstes Frösteln. Kälte hat oft Zweifel im Gepäck: Ob überhaupt ein Fuchs steckte? Ob es nicht mehr brächte, den Mond abzuwarten? Ob es nicht überhaupt gescheiter gewesen wäre, mit der Frau in die Stadt zu fahren …

Die dritte Halbstunde war vertröpfelt, und aus Frösteln war Frieren geworden. Ausreden wurden gesucht, die ein frühzeitiges Abbaumen rechtfertigten. Doch da stand er, wie hingezaubert, vor einer der Röhren und schüttelte sich den Sand aus dem Balg. Sekunden nur, dann machte er sich recht flott auf den Weg. Handschuh ausgezogen, in Anschlag gegangen und ganz kurz die Luft durch die zusammengepressten Lippen gezogen. Und so schnell wie der Rote verhoffte, fiel auch der Schuss. Schnelles Repetieren, irrationales Hoffen auf einen zweiten Fuchs. Wandernder Blick zwischen dem, der schon lag, und jenem, der jetzt ohnehin nicht mehr gekommen wäre. Warum auch hätte ein weiterer Fuchs den Bau verlassen sollen, nach dem es draußen gekracht hatte?!

Besinnung, sich auflösende Hoffnung, samt ihr anhängendem Wahn. Freigelassene Freude! Dort unten lag er doch, was wollte ich mehr! Also hinab, Beute aufgehoben, bestaunt, mit der Hand über den Balg gestrichen – gefreut. Dann – selige, sorglose Zeiten waren's – die Pfeife gestopft. Zündhölzel zischte, Glut leuchtete auf. Tabak roch. Den Fuchs mit der obligaten Schnur geschränkt, an den Ring des Rucksacks gebunden. Und dann, Schritt für Schritt, durch den eindunkelnden Wald hinunter zur Hütte.

Gedrückte Füchse

Was ist was?

Die einen machen ein Fuchsdrücken oder einen Riegler, die anderen eine Fuchs-Treibjagd. Was unterscheidet diese beiden Jagdarten? Herzlich wenig, weil die Übergänge fließend sind. Das Fuchsdrücken ließe sich als jagdliches Kleinstunternehmen beschreiben, die Treibjagd – wenn sie denn nur den Füchsen gelten soll – als Kleinunternehmen. Ginge es hier um gewerbliche Unternehmen, würde die Mehrwertsteuerpflicht eine klare Unterscheidung treffen … Also beim Drücken sind oft nur ein, vielleicht auch zwei Schützen und ein Durchgeher beteiligt. Bei der Treibjagd sind es mehr, aber bezogen auf die bejagte Fläche deutlich weniger als bei einer Jagd auf Hase oder Fasan.

Wir könnten auch fragen, was das reine Fuchstreiben technisch von einem Niederwildtreiben unterscheidet. Früher wusste das fast jeder Jäger, einfach weil der Weg zum Jägersein mit der Treiberlaufbahn begann. Das ist weitgehend verlorengegangen. Also: Wenn wir in meiner Bubenzeit auf Niederwild jagten, dann reichten wir drei noch prüfungs- und waffenlose Jungjäger als Treiber nicht aus. Da mussten schon noch ein paar Bauern oder Rentner mit durchgehen. Jeder hatte einen Stock, mit dem er an die Bäume klopfte, und alle gaben wir mehr oder weniger zivilisationsferne Laute von uns: „hop, hopp, hopp“ oder „brrrrr“ oder „hus, hus, hus“. Meist sauste noch, giftig Laut gebend, der eine oder andere Hund im Treiben herum. Bei den reinen Fuchstreiben hingegen, die bei uns im Jänner, manchmal sogar noch in der ersten Feberhälfte stattfanden, gingen wir zu zweit, allenfalls zu dritt durch. Da waren keine „Externen“ notwendig. Wir machten auch keinen Lärm. Es genügte ein Hüsteln, hin und wieder ein Verbindungsruf, um Linie zu halten.

Georg Ludwig Hartig brachte es in seinem *Lehrbuch für Jäger* 1810 auf den Punkt:

> Da die Füchse durch den geringsten Lärm rege gemacht werden, so kommen sie oft schon geschlichen, wenn die Schützen kaum auf ihren Plätzen sind.

Da der Fuchs immer bestrebt sein wird, sich nach Möglichkeit davonzustehlen und dabei die kürzeste Verbindung zur nächsten Deckung zu wählen, können die Seiten des Treibens meist unbesetzt bleiben. Füchse halten – viel stärker als alle anderen Wildarten – ihre gewohnten Pässe. Daher ist es aber auch ganz wichtig, die Pässe zu erkunden, besonders im Winter. An unguter Stelle bricht ein Fuchs höchstens dann aus, wenn ihm durch Lärm und Hunde die Möglichkeit zu geordnetem Absetzen genommen wird.

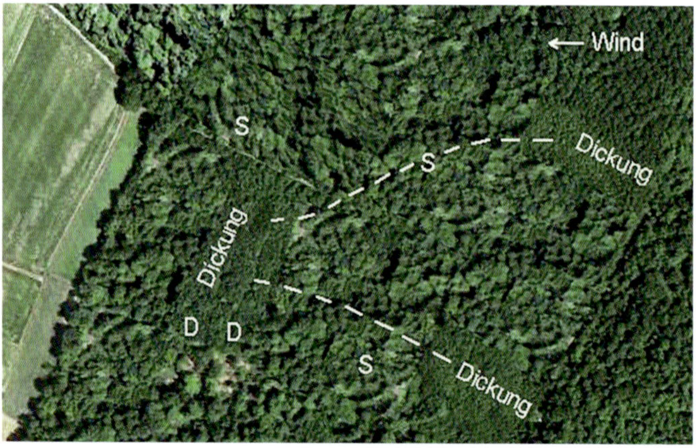

Beispiel für ein Fuchstreiben.

Zwei oder drei Durchgeher (D) beunruhigen die westlichste Dickung. Drei Schützen (S) stellen die Verbindungen zu den Nachbardickungen ab. Die Flanke zum Feld hin kann getrost offen bleiben. Da kein Treiberlärm entsteht, können bei Bedarf im Anschluss auch die beiden anderen Dickungen bejagt werden. In diesem Falle müssten – je nach Wind – zwei Schützen umgestellt werden. Die Durchgeher müssten die zu bejagende Dickung weiträumig umgehen und von Ost nach West drücken.

Auf der Reise.
Füchse halten – viel stärker als alle anderen Wildarten – ihre gewohnten Pässe.

Füchse im Wald

Wo der Fuchs – vor allem nach der Ranz – tagsüber gerne steckt, das wissen wir aus Erfahrung. Wir erfahren es ja schon bei unseren kleinen Waldtreibjagden, auf denen heute oft mehr Füchse als Hasen aus der Dickung kommen. Jetzt gilt es nur noch festzustellen, wo sich die nächste, halbwegs gut und unauffällig erreichbare Deckung befindet, die der Fuchs annehmen könnte. Einkalkuliert wird der Wind ebenso wie mögliche Störungen durch Spaziergänger.

An den Dickungsrand wollen wir uns auf keinen Fall stellen. Dort stehen wir immer auf dem Präsentierteller und werden vom Fuchs frühzeitig eräugt. Weg von der Dickung! Füchse nehmen gerne Mulden, Gräben, Rinnen, Verjüngungsstreifen oder Partien mit Felsblöcken an. Irgendwo zwischen den beiden Dickungen finden wir vielleicht eine „hohle Gasse", durch die er vermutlich

Wie bei Drückjagden sind Wege und Schneisen keine guten Stände, weil uns das Wild dort unvorbereitet anwechselt und die Zeit für einen sauberen Schuss zu kurz ist.

kommen wird. Das ist unser Platz. Natürlich postieren wir uns immer (entsprechend dem Wind) seitlich vom Pass, und auf Deckung achten wir auch.

Manchmal ergeben sich im Revier Situationen, die zum Fuchsdrücken regelrecht einladen. In einem meiner Reviere lag zwischen zwei großen Weihern ein langer, sich in der Mitte verengender Waldstreifen. Rechts und links grenzten Wiesen an. Natürlich steckten immer Füchse im Schilf wie im Wald. Es musste sich also nur ein Schütze an der Engstelle postieren und warten, bis ein Hund oder ein Helfer den Fuchs hochgemacht hatte. Der Stand blieb auch dann noch fast „unfehlbar", als die Fichten schon längst die Durchforstung hinter sich hatten und es im Bestand schon recht hell geworden war.

In Zäunen

Immer noch gibt es in vielen Revieren Kulturzäune. Füchse mögen Kulturzäune und sie bevorzugen diese – besonders im stadtnahen Erholungswald – als Tagesaufenthalt. Daher graben sie sich an passender Stelle immer wieder Mulden unter den Zäunen hindurch. Sehr zum Leidwesen der Förster, denn hinter den Füchsen kommen oft die Rehe und zwängen sich ebenfalls hindurch. Doch während die Füchse überhaupt keine Probleme haben, ihre Passagen wieder zu finden (und überdies weder Tannen- noch Eichenknospen fressen), schaffen Rehe den Rückwärts-Tauchgang häufig nicht mehr. Sie bleiben im Zaun.

Hier ist leicht Abhilfe zu schaffen. Wir bauen mit Hilfe von Betonrohrstücken feste, nur für den Fuchs passierbare Durchlässe und dichten alle anderen Passagen zuverlässig ab. Einfach ein 25er-Betonrohr mit der Flex (Steinscheibe verwenden!) in drei gleich lange Stücke trennen. Unter dem Zaun eine nach vorne und hinten flach auslaufende Mulde graben, Rohrstück einlegen und seitlich wieder Erdmaterial beifüllen. Über der Mulde wird eine Masche des Knotengitters durchtrennt. Damit die Sache auch hält, werden zwei Pflöcke rechts und links neben dem Rohr so eingeschlagen, dass sie sich oben kreuzen. Vorsichtshalber wird das Drahtgeflecht mit einigen Krampen an den Pflöcken festgemacht. – Bemerkung am Rande: Natürlich muss der Jäger den Förster oder Waldbesitzer um Erlaubnis fragen, ehe er ein Rohr einbaut. Doch der Nutzen eines solchen liegt auch auf deren Seite – sie sparen sich das Vergiften der Mäuse!

Wo ist der richtige Platz? Füchse haben feste Pässe, und diese sind wohldurchdacht. In der Regel nimmt der Fuchs bei Gefahr immer die kürzeste Verbindung zwischen zwei Dickungen oder sonstigen Deckungsfeldern an. Er bevorzugt ferner Mulden, Gräben oder in bewuchsarmem Gelände Linien mit einzelnen „Deckungskörpern“. Eine gezäunte Kultur wird demnach am

Ein Beispiel fürs Anlegen eines Fuchsdrückens aus einem Kulturzaun.

Wenn der Fuchs wählen kann, nimmt er den kürzesten Weg zur nächsten Deckung, wobei der Bau eine untergeordnete Rolle spielt. Deshalb steht der Schütze (S) auf dem gedeckten Pass zur Dickung und nicht beim Bau.

Ein Rohr als Zaundurchlass.

Wenn der Fuchs im Zaun ist, kommt er hier …

ehesten dort vom Fuchs verlassen, wo sie einer anderen, gute Deckung bietenden Fläche am nächsten kommt. Natürlich kann es mehrere nach Fuchspass „riechende" Stellen geben, und zwei Durchlässe sind besser als einer. Will man später alleine jagen, werden – abhängig vom aktuellen Wind – die unbesetzten Durchlässe mit Gebrauchsgegenständen wie Handschuh, Schal oder Taschentuch vorübergehend blockiert. An die neu eingebauten Durchlässe gewöhnt man die Füchse ziemlich schnell mit geräucherten Fischabfällen, die auf Höhe der Durchlässe über den Zaun geworfen werden.

Ein derartig aufmöblierter Kulturzaun wird nicht nur gerne vom Fuchs als Tagesruheplatz angenommen. Er lässt sich auch mit denkbar geringem Aufwand durchdrücken. Dackel und Terrier schliefen problemlos durch das Rohrstück und suchen den Zaun ab. Dann muss sich der Jäger nur noch unter Beachtung des Windes vorstellen. Auf keinen Fall sollte er jedoch direkt am Zaun stehen, denn nirgends ist der Fuchs misstrauischer und vorsichtiger als an der Grenze zwischen guter Deckung und deckungsarmem Gelände. Dies besonders dann, wenn er außerhalb des Zaunes zunächst einen Weg überqueren muss.

Es ist zweckmäßig, sich schon im frühen Herbst zwei einfache, aber etwas Deckung gewährende Stände zu richten. Ein Fetzen Tarnnetz, ein Wurzelteller oder ein Holzstapel geben ausreichend Deckung. Je nach Größe des Zaunes muss der Jäger nicht lange warten. Einmal hatte ich kaum die Flinte geladen, da kam auch schon der Fuchs innseitig den Zaun entlang, schlüpfte flugs durch das Rohr und lag auch schon mausetot, mitten auf der Forststraße. Die an anderer Stelle ausgesprochene Empfehlung, sich nicht an den Dickungsrand zu stellen, gilt beim Zaun nur eingeschränkt. Natürlich stellt sich der Jäger nicht direkt an den Zaun, wohl aber so, dass er auf den Durchschlupf sieht und schießen kann. Das setzt aber passenden Wind voraus.

Füchse im Feld

In den Feldrevieren schrumpft die Deckung von Oktober bis Dezember kontinuierlich. Anfangs steht noch überall der Mais, dazwischen Gründüngung. Dann verschwindet der Mais oft innerhalb kurzer Zeit, und in manchen Gegenden, dort, wo es im Spätwinter und Frühjahr erfahrungsgemäß so nass ist, dass die Bauern ihre Äcker mit schwerem Gerät nicht befahren können, wird auch die Gründüngung bereits im Herbst umgebrochen. Dann bleibt, je nachdem, noch das Wintergetreide, das aber dem Fuchs kaum Deckung bietet. Früher war das teilweise anders. Die Konsequenz daraus ist schlicht die, dass reine Fuchstreibjagden im Feldrevier relativ früh stattfinden müssen, also noch im Oktober oder in der ersten Novemberhälfte. Zu der Zeit sind allerdings die Bälge noch kaum verwertbar.

Einige wenige Feldreviere sind für die Füchse aber auch später im Jahr noch attraktiv, nämlich jene, in denen es ausreichend Feuchtpartien mit Seggen und Binsen oder Schilfstreifen hat. Manchmal gibt es auch kleine Aufforstungen, Feldgehölze oder Windschutzhecken, in denen Füchse ebenfalls gerne stecken. Wo solche „Requisiten“ fehlen, übersiedeln die Füchse in den

Wald, oder sie stecken im Feld – mangels Deckung – in den wenigen vielleicht vorhandenen Bauen, in Wegdurchlässen und Drainagen. Da ist der Jäger alleine oder in kleinem Kreis mit einem Bauhund erfolgreicher.

Hinzu kommt, dass die Baue zu keiner anderen Zeit des Jahres so häufig angenommen werden wie im November und Dezember. Daher muss, wer Füchse erfolgreich treiben will, besonders auf das Wetter achten. Der Fuchs liegt ja nicht unbedingt im wischelnassen Raps, wenn er einen trockenen Bau hat. Er mag auch den Westwind nicht, der den Regen übers Feld peitscht, wohl aber sonnige Frühwintertage. Das Problem ist, dass man „größere Veranstaltungen" im Voraus planen muss und dann terminlich gebunden ist. Von daher sind auch im Feld kleinere Unternehmen, die ad hoc geplant werden können, vorteilhaft.

Wo im Feld ausreichend Schilfstreifen vorhanden sind, findet man meist auch Füchse. Handelt es sich dabei um längere Schilfpartien, etwa um Uferstreifen, wird der Fuchs sich zunächst darin davonstehlen, ehe er das Schilf doch irgendwann verlässt

Schilfpartie.
Der Wechsel von Wald und Schilf taugt dem Fuchs.

– oder sich völlig drückt. Hier suchen wir uns einen lückigen Engpass. Vielleicht haben wir sogar einen Hochsitz, von dem aus wir in das dürre und sicher schon etwas umgedrückte Rohr hineinschauen können.

Wo die Felder bereits im November weitgehend kahl und fuchstaugliche Requisiten wie Schilf Mangelware sind, bietet sich die Waldtreibjagd an. Wenn auf dieser nebenbei auch ein paar Rehe geschossen werden, ist das kein Nachteil. Ob wir dann das Unternehmen „Fuchs-Treibjagd" oder „Rehriegler" nennen, bleibt sich gleich.

Früher schon so gewesen

Schon vor mehr als einem Jahrhundert, also in Zeiten unglaublich großer Niederwildstrecken, gab es Revierinhaber, denen der Fuchs höher stand als andere Niederwildarten. Ein paar wirklich bemerkenswerte Äußerungen finden wir bei Ernst Graf Silva-Tarouca um die Wende zum 20. Jahrhundert. Er hatte zweier Birkhähne wegen ein Revier in Böhmen gepachtet und gleich noch einige an dieses angrenzende Reviere dazu. Da nach seiner und des Personals Meinung kaum Niederwild vorhanden war, setzte er auf die Füchse. Silva-Tarouca:

> Ich hegte also Füchse, und es war sehr unterhaltend, im winterlichen Wald in den wohlverlappten Trieben, die nur von wenigen verlässlichen Leuten still durchgedrückt wurden, am Fuchswechsel zu stehen und den sympathischen roten Räuber in den Schnee zu legen. Einmal schoss ich so in vier Trieben neun Füchse. Es belustigte mich sehr zu hören, dass dann am folgenden Sonntag im Dorfwirtshaus ein großes Fuchsessen abgehalten wurde. … Trotz der vielen Füchse vermehrte sich auch alles andere Wild in überraschender Weise. … Ich hatte Balzplätze mit 5, 8, ja 12 balzenden Birkhähnen; …

Anmerkung: „Verlappt" bedeutet, es wurden mehr oder weniger lange Schnüre aufgespannt, an denen Stofffetzen hingen. Sie sollten das seitliche Ausbrechen der Füchse verhindern.

Wir erfahren in diesem kleinen Auszug aus dem Buch *Glückliche Tage* einige interessante Dinge. Einmal, dass es schon in alter Zeit „große" Jäger gab, die den Fuchs als Wild nicht nur verbal hoch schätzten. Wir erfahren, dass im Wald auf Füchse getrieben wurde und eben nicht im Feld, und dass die heute teils völlig vergessene, teils auch verbotene Lappjagd eine sehr hilfreiche Sache war. Es wird bestätigt, was an anderer Stelle dieses Buches schon angedeutet wurde, nämlich dass Fuchskerne dereinst hochwillkommenes Lebensmittel waren. Letztlich ist die Aussage, wonach trotz der Fuchshege der Birkwildbesatz stark zunahm, zumindest bemerkenswert!

Die Einstellung der Jäger zum Fuchs war schon immer höchst zwiespältig. Die einen bekämpften ihn, um möglichst hohe „Friedwild"-Strecken zu erzielen, die anderen bejagten ihn und veranstalteten schon vor mehr als einem Jahrhundert reine Fuchstreibjagden. Daran hat sich wenig geändert. Dabei ist der Fuchs heute als Jagdwild interessanter als je zuvor. Der Grund liegt auf der Hand: Die industrielle Landwirtschaft lässt dem Niederwild in den meisten Agrargebieten so gut wie keine Chance mehr. Die Erdbevölkerung wächst dramatisch, und die Politik zwingt seit Jahrzehnten die „kleinen" Bauern zur Aufgabe. Sie sind den Konzernen im Wege, und diese wiederum geben der Politik die Handlung vor! Haben vor wenigen Jahrzehnten noch jene Bauern aufgehört, die weniger als 10 Hektar eigene Fläche hatten, sind es heute oft schon die mit 50 Hektar. In Norddeutschland sehen manche Agrarier Betriebe mit „nur" 100 Hektar Fläche bereits als nicht mehr überlebensfähig an. In Übersee stehen noch ganz andere Größen zur Disposition. Egal wie groß die Betriebe auch irgendwann werden, einige werden immer die „kleinen" sein und aufgeben müssen.

Einige ganz wenige Niederwildarten (das Rehwild soll außen vor bleiben) werden in dieser Landschaft überleben – neben Ente und Taube sicher der Fuchs! Warum? Weil er eben nicht auf Hase und Fasan angewiesen ist, sondern weil Regenwurm und

Feldmaus fast überall seine Hauptnahrung darstellen. Heute schon wäre es – rein jagdlich gesehen – vielerorts ein Gewinn, wenn man statt Sommerfüchse zu schießen und in den Container zu werfen, im Spätherbst oder Frühwinter auf gut organisierte Vorstehtreiben oder Streifen mit vorgestellten Schützen setzen würde. Solche Jagden gibt es auch heute noch, und die Strecken sind teilweise beachtlich.

Wer drückt durch?

Beim klassischen Fuchsriegler geht es in der Regel problemlos ohne Hund. Es genügt oft ein einziger Helfer, der die Einstandsdickung vom anderen Ende her langsam und ohne Lärm durcharbeitet. Meist braucht es nicht viel, und der Fuchs stiehlt sich davon. Wichtig dabei ist, dass er frühzeitig auf den Durchgeher aufmerksam wird, und dass sich dieser wirklich Zeit lässt.

Natürlich gibt es auch Situationen, in denen ein Hund von Vorteil ist, etwa in blockreichen Hängen oder in stark von Brombeere oder Dorngehölzen durchwachsenen großen Schlägen. Ich selbst hatte früher so eine Situation, die mir mein Wachtel Dino öfter mit Erfolg durchdrückte. Es war eine gut hundert Meter breite, unterschiedlich alte Erstaufforstung zwischen zwei

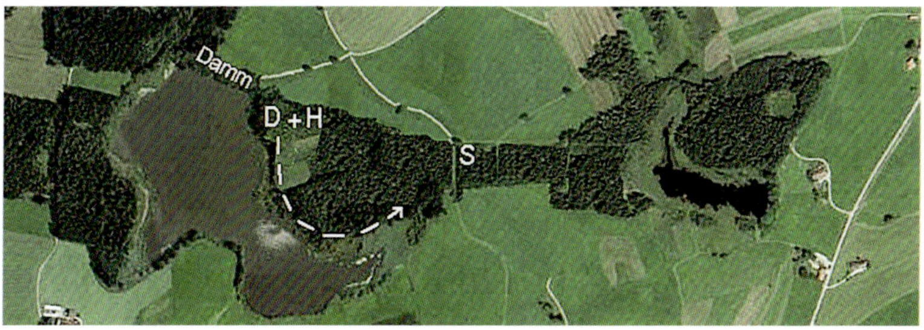

„Todsicherer" Fuchstrieb zwischen zwei Teichen.

Über den Damm flüchtete der Fuchs nie, ebenso wenig über die Wiesen. Ein Schütze (S) stellte sich im Stangenholz vor, ein Durchgeher (D) mit Hund (H) drückte vom Damm aus am Schilf entlang. Je nach Wind stand der Schütze in der Mitte der Schmalstelle (Westwind) oder dem nördlichen Rand zu.

großen Fischteichen. Rechts und links grenzten die Wiesen an, und hinter den Fischteichen jeweils Wald. Die Füchse steckten immer auf der Westseite, wo sich ein breiter Schilfstreifen zwischen den Teich und eine Windwurffläche schob. In der Mitte wurde das Stangenholz von einem Weg geteilt, neben dem ich jeweils einen Schützen postierte. Weitere Schützen waren – wenn es nur um den Fuchs ging – nicht erforderlich. Auch bei unseren Entenjagden stand dort meist ein Schütze, und wenn dort einer stand, dann schoss er auch – einen Fuchs!

Ob nun Durchgeher oder Hund, es empfiehlt sich immer, dass ein Helfer sich mit dem Wind dem mutmaßlichen Einstand des Fuchses nähert und sich dabei durch Reden zu erkennen gibt. Es ist auch sinnvoll, zunächst den Rückwechsel dadurch zu sichern, dass der Helfer hinten redend einmal hin und her geht. Das erschwert dem Fuchs die Orientierung. Er kann wahrscheinlich nicht einschätzen, ob sich hinten nur ein oder aber mehrere Menschen befinden. Man kann die Rückseite auch mit aufgehängten Kleidungsstücken blockieren. Der Fuchs wird nicht eruieren, ob in dem in den Wind gehängten Parka oder Mantel ein Jäger mit Flinte steckt oder nicht. Eher wird er sich in eine andere Richtung davonstehlen.

Wir haben noch gelernt, der Fuchs würde sich nach Möglichkeit gegen den Wind davonstehlen. Ob er das wirklich tut, hängt nach meinen Beobachtungen in erster Linie davon ab, wie durchgegangen und wo abgestellt wird.

Setzt man einen Hund ein, so kann es gerade in kleineren Dickungen geschehen, dass dieser den Fuchs von der falschen Seite her in Bewegung bringt. Es geht ja meist ziemlich schnell: Der Hund wird geschnallt, gibt Laut, weil vielleicht noch anderes Wild steckt, und schon setzt sich der Fuchs nach hinten oder zur Seite ab. Der Hund ist für den Fuchs auch leichter und genauer zu orten als ein eher geräuscharm vorgehender Helfer.

Bei größeren Dickungen oder Schilfparzellen, ebenso in Blockhängen ist das anders. Dort kann man auf den Hund fast nicht

Sich drückender Fuchs.
Er stiehlt sich klammheimlich davon und ist bestrebt, jede sich bietende Deckung zu nutzen.

verzichten. Stellt man mit mehreren Schützen ab, ist es auch ziemlich egal, ob der Fuchs sich hinten oder vorne, rechts oder links durchzumogeln versucht.

Vergessen: Das Verlappen

Früher, will heißen noch im 19. Jahrhundert, wurden bei Treiben und Drücken auf Hochwild oder Fuchs Teile des Treibens gerne eingelappt. Gebräuchlich war es aber auch, bei Neuschnee am Vormittag abzuspüren und dann die gekreisten und festsitzenden Füchse „einzulappen". In der Regel bezogen zuerst die Schützen in aller Vorsicht ihre Stände, ehe ein oder zwei Helfer die Lappen spannten. Immerhin konnte es geschehen, dass der Fuchs schon das Einlappen mitbekam und sich davonstahl. Heute macht das kaum noch jemand. Das liegt nur zum Teil

Lappenband.

Hier wurde die Front abgelappt, um den Fuchs „umzuleiten“. Aus dem Dunkel des Stangenholzes heraus, ist das sich im leichten Wind bewegende Absperrband nicht zu übersehen.

daran, dass kein Jagdbetrieb mehr über Lappenschnüre verfügt. Solcher bedarf es aber auch gar nicht. Den Fuchs halten auch die in jedem Baumarkt erhältlichen rotweißen Absperrbänder. Ich kann nicht sagen, ob sie genausogut wirken wie früher die Lappen, weil ich meiner späten Geburt wegen jene nicht mehr in der Praxis erlebt habe, wohl aber, dass sie wirken. Anfangs habe ich von den Absperrbändern 40 bis 50 Zentimeter lange Streifen geschnitten und diese an Schnüre geknüpft. Viel einfacher ist es, die Bänder am Stück zu spannen. Dies sollte nicht zu straff geschehen, damit der Wind die Bänder etwas bewegen kann.

Das sollte nicht zu weit vom Dickungsrand entfernt – frei und im Hellen – geschehen. So kann sie der Fuchs, aus dem relativen Dunkel der Dickung heraus, nicht übersehen. Es empfiehlt sich, sie in „Gesichtshöhe“ des Fuchses aufzuhängen. Werden sie in Brusthöhe aufgehängt, wie dies für Hochwild richtig ist, flüchtet der Fuchs, wenn er unter Druck gerät, unter ihnen durch.

Josef Graf Frankenberg und Ludwigsdorf beschreibt in seinem Mitte des 19. Jahrhunderts erschienenen Fuchsbuch eindrucksvoll, wie es ihm mit Lappschnüren gelang, Füchse quasi über Nacht in einer Dickung oder einem Stangenholz einzusperren, um sie am Folgetag erfolgreich zu bejagen.

Frankenberg:

> Bei eingelappten Jagen* sind die besten Stände immer in der Nähe der Lappen, da der Fuchs, sobald er rege gemacht ist, gewöhnlich dreißig bis achtzig Schritt von den Lappen entfernt seine Runde macht, um ein Loch zum Durchpassieren zu finden.
>
> ** Im norddeutschen Raum wird die Forstabteilung als „Jagen" bezeichnet. Sie wurde jagdlich meist als ein Treiben behandelt. Die preußische Forstverwaltung teilte den Wald in Quadrate oder Rechtecke auf.*

Nun, wie dem auch sei, auch wenn nur eine Seite des Treibens verlappt wird, bedeutet dies einen nicht unerheblichen Aufwand. Wenn ich dieses Thema hier dennoch anführe, dann nur

Er empfiehlt sich schon.

Ganz gleich, ob Fuchsdrücken oder Fuchstreiben: Die Schützen müssen ihre Stände absolut diskret beziehen und vom ersten Moment an konzentriert sein.

deshalb, weil es viele Situationen gibt, wo es mitunter genügt, ein kurzes Stück zu verlappen. Dabei kann es beispielsweise darum gehen, den Fuchs etwas nach links oder rechts zu dirigieren, um besseres Schussfeld zu haben. Das kann sogar an der Front des Treibens sein.

Völlig unsinnig ist es, kleinere Dickungen zu verlappen, bei denen der Fuchs diese Arbeit und die Anwesenheit von Menschen mitbekommt und sich oft verdrückt, ehe noch irgendwo ein Schütze steht. Damit sind wir gleich noch bei einem anderen wichtigen Punkt. Egal ob Drücken oder Treiben: Der oder die Schützen müssen ihre Stände absolut diskret beziehen, und sie müssen stehen, ehe der Fuchs etwas von den Durchgehern bemerkt. Wer seinen Stand eingenommen hat, muss sofort laden und vom ersten Moment an ganz ruhig und konzentriert stehen!

Erinnerungen

Daheim: Grauer Dezembernachmittag. Nach dem Mittagessen fuhren meine Frau und ich ins Revier. In einer windegeschützten, nach Süden offenen Mulde gab es einen kleinen, kaum mehr als einen Hektar großen Kulturzaun. Er lag in einer etwas größeren ungezäunten Verjüngungsfläche, abseits der Forststraße. Die umgebende Hanglage war mit Fichtenaltholz bestockt. Nordseitig gab es eine durchs Altholz führende Rinne und in deren Verlängerung wieder Verjüngungen und Dickungen.

Die Überlegungen: Südseitig kann der Frost aus der Mulde abfließen; die Dickung wird also frostfrei und windstill sein. Nordseitig, hinterm Altholz war reiche Deckung, durch die Rinne gut erreichbar. Wohin also würde der Fuchs versuchen sich zu verdrücken? Nach Norden, eh klar!

Ich nahm meinen Stand im oberen Drittel des Altholzhanges, neben der Rinne. Ein gebrochener Fichtenwipfel gab ausreichend Deckung, das „Stockerl" – wie man in Österreich den Sitzstock und ähnliche Konstrukte nennt – die notwendige Bequemlichkeit.

Meine Frau umging die Örtlichkeit weiträumig, so dass sie von der Gegenseite zum Zaun kam. Auf dem Weg dorthin sprach sie mit sich selbst und ging die rückseitige Zaunfront – vor sich hinredend – einmal auf und ab, ehe sie über den Zaun stieg. Kaum aber hatte sie den Zaun überstiegen, kam der Fuchs schon ohne große Eile bei mir die Rinne hoch und lief in die Schrote.

Die ganze Aktion hat keine Stunde gedauert und war ein schönes Erlebnis, einfach weil unser Überlegungen zugetroffen hatten und weil es eine wunderschöne Stimmung war.

Irgendwo dort hinten: Irgendwann, als es noch Menschen gab, die ohne Handy zu überleben wussten, einfach weil es noch nicht erfunden war; Menschen, welche die Jagd noch als Jagd verstanden und nicht als outdoor business oder Sendeplattform für entlarvende Kommentare per SMS. Irgendwo da hinten, wo sie heute noch den Luchs erschießen oder, wenn es sein muss, auch vergiften und alles Unangenehme mit „Mir san mir!“ abwehren:

Die Gäste waren im Schloss an der festlichen Tafel versammelt, und wir, die wenigen mitangereisten Dienstboten, Fahrer und Forstknechte, saßen mit dem örtlichen Personal in der für damalige Verhältnisse schon reichlich überdimensionierten Kuchel. Boden und Wände weiß und schwarz gefliest, überdimensionaler, mit Buchenscheitern geheizter Herd und ein langer, kaum enden wollender Eichentisch. Da saßen wir also: die zugereisten Knechte, der Herr Oberförster und sein Forstwart, zwei jagdliche Ausgeher. Auf dem Tisch Bierkrügerl und unterm Tisch der mit Blähungen kämpfende, Emissionen verbreitende Deutsch Kurzhaar des Herrn Oberförsters. Und überm Tisch hing – die Küche füllend – der Nebel aus einem halben Dutzend Tabakspfeifen und in ihm die Melange aus billigem Orient, in Speck gebratenen Schnepfen, geschmorten Herrenpilzen und anderen fürs Oberhaus bestimmten Köstlichkeiten. Dann war da noch die mit einer berüschten Latzschürze und einer für ihre sonstige Figur fast zu zierlichen, ins Haar gesteckten Haube ausgestattete Walterin der Küche. Sie verteilte aus großen Häfen Sauerkraut, Erdäpfel und Schweinebauch auf blaugeblümelte Teller, die sie uns vorsetzte.

Am nächsten Morgen die Begrüßung der inzwischen via Nachtgewand vom Abendanzug in Loden und karierten Tweed gewechselten, schon am Vorabend begrüßten Gäste. Am Rande, hinter örtlichem Personal versteckt, die mitgereisten Knechte. Die Herrschaften sollten ihre Stände ohne Begleitung einnehmen. Büchsenspanner waren zur Versorgung anwechselnder Füchse mit Blei nicht vonnöten. Das Personal durfte bei den abgestellten Karossen warten. Aber da war ja noch der Herr jener Wälder, der mir im Sommer als Jagdgast zugewiesen war. Wir hatten uns, bei allen Standesunterschieden, ganz gut verstanden. Er kam im allgemeinen Aufbruch mit seinem Oberförster kurz bei mir vorbei und empfahl mich diesem. Der wies mir in der Folge einen Stand etwas abseits von Baron, Erlaucht und Durchlaucht zu. Ein schon lockeres Altholz war's, mit einzelnen Verjüngungshorsten, und hier und dort ein Granitblock. Mittendurch zog sich ein Weg, in dem sich schon einzelne Jungfichten und Salweiden breitgemacht hatten. Rechts vor mir lag ein Kulturzaun, der auf gut hundert Meter an besagten Weg stieß.

Ich stand nicht vor dem Treiben und schon gar nicht auf dem vielbesungenen Rückwechsel, eher abseits. Der Herr Oberförster überließ mir eine Flinte samt drei Patronen, riet, die Linie eines Kulturzauns im Auge zu behalten und versprach, mich nach dem Treiben wieder abzuholen, womit alles gesagt war. Wie am Abend bei unserer Küchenrunde erfahren, sollten die beiden Ausgeher unter Führung des Forstwartes und begleitet von dessen Rauhaardackel langsam und ohne großen Lärm durchgehen. Geplant waren drei Treiben, jedes mit etwa einer Stunde berechnet.

Da stand ich also, Morgensonne genießend, mit minimaler Deckung durch ein paar Jungfichten. Meine Erwartungen waren gering. Es gab kein Anblasen und auch kein Abblasen. Die Schützen wurden angestellt und wieder abgeholt. Jeder Wirbel sollte vermieden werden. Ein paar Male drang so etwas wie Hundelaut aus dem Treiben herüber – verwischt nur, undeutlich. Ein Schuss ziemlich am Anfang, der sich – wie ich später erfuhr – ferner anhörte als er war. Später, es mochten nochmals zwanzig Minuten vergangen sein, ein zweiter Schuss, scheinbar gar nicht so weit entfernt. „Aha, das war's", fuhr es mir durch den Kopf. Nein, ich hatte nicht mit Anlauf gerechnet. Graduierte Pessimisten tun das selten. Aber wenn es dann bei einem Fuchsriegler ziemlich in der Nähe kracht und überdies nur einmal, was eher auf einen Treffer schließen lässt, schleicht sich Elegie ein. Gleichwohl, ich bewahrte auch mir selbst gegenüber Haltung, behielt konzentriert die Zaunlinie im Auge. Irgendwo aus Richtung Treiben verschwommene Stimmen. Einmal ein Pfiff, der dem Dackel gegolten haben mochte.

Zeit vertropfte, denn ich war ein uhrloser Mensch. Und dann – längst nicht mehr erhofft – kam er daher, trabte gemächlich den Zaun entlang auf mich zu. Pah – da kam Stimmung ins Blut! Und wie jetzt verhalten? Ziemlich heranlassen – Schuss ungut, weil recht spitz von vorne notwendig! Unbemerktes Auffahren kaum möglich. Alles nicht ideal. Aber die Gedanken wurden vom Fuchs überholt. Schon war er auf höchstens noch fünfundzwanzig Meter heran, da galt es – und gelang! Er lag, rührte sich nicht mehr. Klopfender Herzhammer, ein Funken unnötige Angst, er könnte sich noch einmal aufraffen; man musste beim Fuchs eh mit allem rechnen. Also schnell nachladen. Doch der Tote blieb tot! Freudiges Aufwallen der Gefühle …

Nur wenige Minuten später ein leises Pfeifsignal, noch irgendwo hinterm Zaun, ein offenbar demonstrativ gebrochener Dürrast, und dann die Gestalt des Oberförsters. Er machte einen zufriedenen Eindruck. „Weidmannsheil" und Händeschütteln. Fragen und berichten und dann der mahnende Hinweis, offiziell nicht selbst geschossen zu haben. Noch war der Jagdtag nicht gelaufen. Noch war ungewiss, wer mit blanken Läufen heimfahren würde, und wenn die Strecke magerer blieb als erwartet, musste nicht unbedingt ein Dienstbote oder Jagdknecht zu den Glücklichen gehören. Der Herr Oberförster legte den Roten in den Kofferraum seines Dienstautos. Eine abschließende Geste, die keiner Fußnote bedurfte: Er legte kommentarlos seinen Zeigefinger auf den Mund und machte mit flacher, waagerechter Hand eine wischende Bewegung.

Zwei Treiben folgten noch, und als sich die erlauchten Gäste samt Personal nach dem letzten Treiben am Feuer versammelten, lagen neun Füchse. Abseits kurze Besprechung zwischen Erlaucht und Oberförster, mir ein diskreter Händedruck, ein kaum hörbares „Weidmannsheil" – ein Lächeln. Man war jung und freute sich, auch wenn es schwer war, seine Freude zu verbergen.

Acht der zehn Gäste hatten Anlauf; einer hatte zwei Füchse liegen, und einer hatte wohl eindeutig gefehlt, wollte es jedoch nicht wahrhaben. Der Herr Oberförster, der seinen am Vorabend so große Emissionen verbreitenden Kurzhaar im Auto hatte, tat kund, uns zu peinlicher Nachsuche zu verlassen und kehrte nach zwanzig Minuten mit dem angeblich vom Hund gefundenen Fuchs zurück – meinem Fuchs, den er im Kofferraum hatte. Allgemeines Hallo und mehr als zehnfaches „Weidmannsheil" von allen Umstehenden. Der Schütze honoris causa lief zu Hochform auf …

Die Lockjagd auf den Fuchs

Mauspfiff oder Hasenklage?

Es gibt eine ganze Reihe von Instrumenten, mit denen sich der Fuchs – so er will – locken lässt. Die gebräuchlichsten sind die Hasenquäke und das Mauspfeifchen. Die Firma Faulhaber bietet beides in einem Instrument kombiniert an. Doch es gehört weder Musikalität noch besonderes Geschick dazu, das „Pfeifen“ einer Maus auch ohne Instrument nachzuahmen. Es funktioniert einfach so, indem man die Lippen zusammenpresst und die Luft ansaugt. Man kann die Lippen auch auf den Daumennagel oder schlicht auf den Handrücken pressen und saugen. Manche Jäger schaffen auch die Hasenklage auf dem Handballen, aber das ist schon etwas schwerer. Die meisten Jäger werden zum nächtlichen Ansitz im Feld oder des Nachmittags im Winterwald ein Instrument mitnehmen. Aber manchmal hat man eben keines dabei, und da ist es ganz praktisch, auch ohne Instrument improvisieren zu können.

Wann verwende ich was? Ganz einfach: Ist der Fuchs – je nach Geräuschkulisse – schon näher als 150 oder gar 100 Meter heran, können wir ihn mit dem Mauspfiff eher überzeugen als mit der Hasenklage. Sehen wir ihn weit draußen im Feld, hilft eher diese. Übrigens muss der Mauspfiff keiner bestimmten Mausart zuordenbar sein, will sagen besonders typisch oder korrekt sein. Es ist immer wieder erstaunlich, welche Variationen der Fuchs akzeptiert, oder besser gesagt, welche ihn neugierig machen. Manchmal habe ich so trockene Lippen, dass es einfach nicht sauber klappt, und trotzdem steht der Fuchs zu. Das mag damit zusammenhängen, dass die uns begegnenden Füchse selten alt sind, also noch wenig oder oft gar keine negativen Erfahrungen gesammelt haben.

Grundregel der Lock-, Ruf- und Reizjagd ist und bleibt das sparsame Anwenden der jeweiligen Locklaute. Es ist sinnlos, am gleichen Platz unentwegt bzw. am laufenden Band oder auch ‚mit laufendem Band' zu locken.

Peter Engel, Wildmeister

Natürlich kommt es auch auf die Situation an, in der sich der Fuchs befindet. Ist er auf gemähter Wiese gerade mit der Mäusejagd beschäftigt, kann ihn ein weiter entfernter Mäusepfiff kaum überzeugen. Der Fuchs, der in der Ranzzeit der Spur einer Fähe folgt oder eine solche in der Nase hat, fährt kaum auf unsere Hasenklage ab – es geht ihm momentan um Wichtigeres! In Zeiten knapper Nahrung ist die Bereitschaft zur Nachschau sicher größer als in Zeiten des Überflusses.

Der Jäger sollte jedenfalls jede Möglichkeit nutzen, um sein Können – besonders was den Mauspfiff betrifft – zu trainieren und zu überprüfen. Gelegenheit bietet sich genug, sogar in der

Lockinstrumente für den Fuchs.

Von links: Belllaut-Locker, Ranzlaut-Locker und Hasenklage, kombiniert mit Mauspfeifchen.

Stadt. Es muss ja nicht unbedingt ein Fuchs sein, den wir zu betören versuchen, Nachbars Mieze ist eine durchaus gute Testperson! Glaubt uns die Katze, dann glaubt uns auch der Fuchs. Im Sommer stellen vor allem die überall herumlaufenden Jungfüchse treffliche Übungsobjekte dar. Sie lassen sich oft bis auf wenige Meter heranpfeifen. Doch Vorsicht: Wer zu dreist pfeift, vermittelt Wissen! Also lieber aufhören, bevor der Jungfuchs die Schrotschussdistanz überschritten hat oder in unseren Wind gerät.

Den Klagelaut des Hasen hören wir übrigens auf fast jeder Treibjagd, wenn der Hund einen angeschweißten Hasen greift. Auch wenn der Kleintierhalter ein Kaninchen aus dem Stall holt, hört sich das ganz ähnlich an. Und natürlich hört der Jäger auch draußen im Revier einmal einen Hasen klagen, den der Fuchs gerade greift. Ob unser Klagen echt klingt, können wir ebenfalls an der Reaktion der Dorfkatzen oder sogar der Hunde testen. Abgesehen davon sind im Handel Tonträger erhältlich, auf denen auch die Hasenklage vorhanden ist.

Das „Wimmern“

Es gibt noch eine andere Art, den Fuchs zu locken, nämlich mit seinem eigenen Kontaktlaut, der vor allem in der Ranz zu hören ist. Wir haben uns an anderer Stelle in diesem Buch damit beschäftigt *(Seite 36f.)*. Nach einem Partner suchende Füchse lassen ihn hören und antworten auch auf ihn. Angeblich lässt diesen Laut jedoch nur die Fähe hören, was aber kaum stimmen kann. Würde nur die Fähe wimmern, könnten weder wir noch ein Rüde mit einer rufenden Fähe in Dialog treten, denn diese sucht ja den Kontakt mit einem Rüden. Warum also sollte sie sich eine Konkurrentin heranrufen?

Man kann das Wimmern mit etwas Übung einfach so mit den Lippen nachahmen; es gibt aber auch Instrumente zu kaufen.

In den Allgäuer Vorbergen, wo sich immer wieder Wald und Wiesen vermischten, konnte man mit dem Wimmern die Füchse ganz gut locken und zu Schuss kommen. Dazu eine kleine Geschichte:

Anfang Jänner am Rottachberg. Vorgebirgslandschaft – steiler, teils felsiger Waldhang, dazwischen immer wieder schmale, waagerechte Almstreifen. Mond und gefrorener Schnee. Eigentlich saß ich der letzten noch zu schießenden Rehe wegen. Es war so gegen 18 Uhr, als im Bergwald ober mir ein Fuchs wimmerte. Mehr zur Gaudi denn aus ernsten jagdlichen Überlegungen „wimmerte" auch ich und bekam prompt Antwort. Der Fuchs nahm eindeutig Kurs auf mich zu und erschien – etwa 30 Minuten später – am gegenüberliegenden Waldrand, wo ihn meine Kugel umwarf. Zwei Tage darauf saß ich wieder auf demselben Platz. Dieses Mal gleich der Füchse wegen. Ich antwortete dem erstbesten Fuchs, der sich im Hang hören ließ. Und wieder kam ein Zwiegespräch zustande, in das sich sporadisch ein weiterer Fuchs einmischte. Damals war dann die Dämmerung allerdings schneller als mein Gesprächspartner. Er war bei seiner letzten Wortmeldung sicher noch so dreihundert Meter von mir entfernt im Hang und schwieg sich in der letzten Viertelstunde aus. Warum, blieb unklar, möglicherweise hatte er Wind bekommen. Ich jedenfalls packte zusammen und stahl mich davon. Doch schon fünf Minuten später hörte ich den Fuchs ziemlich tief unten, nahe meinem verlassenen Ansitzplatz wimmern und antwortete. Kaum zweihundert Meter unterhalb meines Ansitzplatzes A *(siehe Bild auf der rechten Seite)* begannen die von zwei heckengesäumten Wegen durchzogenen Wiesen. Am ersten Weg blieb ich stehen und nahm wieder Kontakt auf; der Fuchs stand eindeutig zu. Schließlich sah ich ihn auf dem Schnee (der Mond stand noch hinterm Berg), als grauen Schatten zwischen Obstbäumen, ohne fertigzuwerden. Es mochten nicht mehr als hundert Meter gewesen sein, zu nahe und zu unübersichtlich das Gelände, um nochmals zu wimmern. Ich wartete neuerlich fünf

Fuchsreizen am Rottachberg.
Der Fuchs meldete erstmals weit oben am Berg, durchquerte den steilen Hang und nahm Kurs auf meinen Sitz (A). Ich verdrückte mich des Windes wegen und blieb mit dem Fuchs in den Wiesen akustisch in Kontakt. Oberhalb eines steilen Wiesenhanges angekommen (J) sah ich ihn unter mir und schoss (F).

Minuten und ging dann vorsichtig weiter hinunter, dorthin, wo die Wiesen übersichtlicher waren. Deckung zwischen Eschen nehmend, versuchte ich es erneut und bekam umgehend Antwort. Der Fuchs hatte aber die breite, relativ ebene Wiesenfläche samt einem folgenden steilen Hang schon gequert. So birschte ich bis zur nächsten Kante weiter (J), lockte dort neuerlich und bekam wiederum sofort Antwort. Kaum sechzig Meter unter mir stand der Fuchs (F) und schaute herauf – so lange, bis ich ihn an den Hinterläufen emporhob …

In der Nacht im Feld

Die meisten Jäger, die in der Mondnacht draußen im Feld sitzen, benutzen die Hasenklage, um Füchse anzulocken. Manche haben Erfolg und manche auch nicht. Letztere sind meist frustriert und zweifeln an ihrer musikalischen Begabung, um in der Konsequenz künftig auf das Reizen zu verzichten. Doch die wenigsten dieser sich unterbegabt fühlenden Jäger sind es tatsächlich. Sie sind viel eher ungeduldig. Sie erwarten, dass sich der Fuchs auf den ersten Klagelaut hin in Bewegung setzt und bolzgerade zusteht. Das kommt zwar zuweilen vor, ist aber keineswegs die

Er steht auf die ersten Laute mit der Hasenklage zu!

Das ist die Traumvorstellung des reizenden Fuchsjägers. Zwar kommt dies zuweilen tatsächlich vor, die Regel ist es aber nicht. Der gute Fuchsjäger muss – wie der gute Jäger überhaupt – Geduld haben.

Regel. Wenn der Jäger jetzt umgehend nachhakt und ein Klagelied dem anderen folgen lässt, darf er sich nicht wundern, wenn kein Fuchs zusteht!

Peter Engel, der als Berufsjäger in einem Niederwildrevier reiche Erfahrung sammeln konnte, bringt es auf den Punkt:

> Es ist keinesfalls ungewöhnlich, wenn der Fuchs sich nach dem Zustehen auf hundert oder hundertfünfzig Gänge auf die Keulen setzt, verhofft und erst einmal die Lage peilt! Jetzt wäre es falsch, sofort mit der Hasenklage zu quäken. Beobachten und abwarten ist in diesem Fall besser. Ist er unschlüssig, wäre es sinnvoll, jetzt zu mäuseln …

Wir müssen Geduld aufbringen, warten ob und was geschieht. Ich weiß, das fällt uns oft schwer, aber eigentlich entspricht es ganz dem Wesen der Jagd, jedenfalls jener Jagd, die wie wir noch gelernt haben und immer noch so verstehen.

Bei Tage im Wald

Das Fuchsreizen im Wald ist eine Jagd für den sonnigen Winternachmittag, gegen Ende oder nach der Ranz. Die Füchse – vor allem die Rüden – verbringen die Tage jetzt meist im Freien, und die im Spätsommer und Herbst angesammelten Winterreserven haben sie zum Großteil aufgebraucht. Da ist die Versuchung groß, auch am hellen Mittag eine Nachschau zu riskieren.

Der Platz, von dem aus wir quäken, will wohlüberlegt sein. Aufs freie Feld hinaus locken wir den Fuchs am hellen Nachmittag sicher nicht. Je mehr Deckung er außerhalb seines Tageseinstandes findet (zum Beispiel ein großer Kahlschlag oder eine lückige Dickung), umso eher ist er geneigt zuzustehen. Das Altholz mit etwas Naturverjüngung scheint ihm sicherer als ein kahles Altholz. Trotzdem muss so viel Sicht vorhanden sein, dass wir ihn frühzeitig entdecken, um bereit zu sein.

Jäger an einem Spätwinternachmittag beim Fuchsreizen.

Der Waldboden gleicht einem Fleckerlteppich, und der Jäger sitzt im Schneehemd und mit der Hasenklage hinter einem Baum. Vor ihm eine lückige, von der Sonne beschienene Dickung am Hang.

Völlig arglos auf der Anreise.
Die Steine bieten ihm Deckung, und er hat Sicht ins Vorfeld – so mag es der Fuchs. Wenn der Jäger sich in den Fuchs hineinversetzen und füchsisch denken kann, wird er den richtigen Ansitzort finden. Voraussetzung ist natürlich immer auch, dass der Wind passt.

Bei der Wahl des Ansitzortes müssen wir es dem Fuchs kommod machen. Wir müssen uns in ihn hineinversetzen und überlegen, welchen Pass wir an seiner Stelle bevorzugen würden. Füchse nehmen gerne leichte Bodenvertiefungen an. Das können durchaus wenig genutzte Wege sein, aber auch Mulden im Altholz, Steine, Blockfelder oder Verjüngungsinseln – eben alle Lokalitäten, die ihm einerseits Deckung gewähren, andererseits auch halbwegs Sicht ins Vorfeld. Nie dürfen wir dabei den Wind vergessen!

Wiederum: Man muss Geduld haben. Das beginnt damit, dass wir nach Bezug unseres Standes (auf dem Boden oder auf einem Hochsitz) erst einmal geraume Zeit – am besten so fünfzehn Minuten – warten und uns im Stillsitzen üben. Erst danach wird gequäkt. Mehr als eine Klage sollten wir auch nicht riskieren. Auch hier müssen wir wieder versuchen, „füchsisch“ zu denken. Füchse haben im intimen Umgang mit Hasen mehr Erfahrung als wir. Sie werden wissen, dass Hasen einsam und nicht im Kollektiv sterben.

Was die eben angesprochene Geduld betrifft, so hat sie Alexander Schmook vor bald einem Jahrhundert in seinem Fuchsbuch prägnant formuliert. Er sprach davon, vor dem Einsatz der Hasenklage *„unser Pfeifchen in Gemütlichkeit zu Ende“* zu rauchen. Mit den alten Jägern ist auch die gemütliche Pfeife gestorben. Um der Avantgarde zu huldigen, müsste an dieser Stelle der Joint erscheinen, und wer up to date sein will, wird wohl die Dauer von zehn abgesetzten SMS nennen. Letzteres eine Tätigkeit, die längst Besinnlichkeit und Konzentration auf der Jagd ersetzt hat!

Manchmal fährt ein Fuchs zu uns her, kaum dass wir die Quäke wieder in der Tasche verstaut haben. Es kann aber auch eine Viertelstunde oder gar eine halbe Stunde dauern. Manche Füchse stehen völlig arglos zu, andere schleichen übervorsichtig heran – je nach Erfahrung.

Erinnerung

Es war kurz nach drei Uhr Nachmittag. Ich schloss den Rübenbunker an der Rotwildfütterung und war fertig. Tief stand die Sonne überm Wald und warf die Schatten der Fichten auf den Weg. Feierabend wäre gewesen. Doch auf dem Weg zum Auto stand eine überdachte Kanzel, und es war die rechte Stunde für eine spätnachmittägliche Fuchs-Serenade. Kaum saß ich, zischte ein Langläufer vorbei. Also warten. Grad wollte ich Quäken, da kam ein Auto aus der Gegenrichtung – der Forstmeister auf dem Heimweg. Er konzentrierte sich auf die Schneefahrbahn und sah mich nicht. Störungen? Ja, aber eigentlich gar nicht so schlecht. Sollte mich ein Fuchs beim Anmarsch wahrgenommen haben, hätte er mich jetzt vielleicht aus seinem Gedächtnis gestrichen. Also nochmals fünf Minuten warten, dann die erste Strophe.

Wer Fuchsreizen will, braucht absolut kein karpatenstilles Revier. Ganz im Gegenteil! Der Fuchs ist in den überlaufenen Revieren, in denen Erholungsfunktion Trumpf ist, weit weniger empfindlich als in stillen, abgelegenen Wäldern. Die letzten Akkorde meiner Klage verhallten gedämpft im schneeverhangenen Wald. Die Stille wurde wieder spürbar, und sie wirkte jetzt eher anspannend. So spontan, wie der Fuchs oft zusteht, so blitzschnell ist er weg, wenn er den Zauber durchschaut; so verflucht gut weiß er jede Bewegung auf dem Hochsitz, ja jedes kleine Geräusch zu deuten. Darum ist, wo immer es das Gelände erlaubt und anbietet, ein Platz am Boden jedem noch so weitsichtigen Hochsitz vorzuziehen.

Ich saß angespannt, hatte die Büchsflinte über den Knien, drehte mich nur unendlich vorsichtig nach hinten, und dennoch knarrte unter der Gewichtsverlagerung das durchgefrorene Sitzbrett. Drüben, in den hochgewachsenen Mooskiefern, wisperten die Goldhähnchen. Geselliger Futterlaut oder gar Warnung? Hundert feine Stimmen hatte plötzlich der erstarrte Wald. Blutigrot versank der Sonnenball hinter den Altfichten. Die rechte, handschuhlose Hand wurde klamm. Die Hoffnung auf einen Fuchs sank.

Wie ich den Weg hinaufschaute, bewegte sich ein ungewisser Fleck im schon blaudunkel eingeschatteten Weg; wurde im Glas zum zielstrebig näherschnürenden Fuchs! Noch waren's gut zwei Büchsenschuss, doch der Puls hämmerte, drängte die Kälte aus dem halb erstarrten Körper. Ich streifte vorsichtig den Umhang von den Schultern – war mit der Büchsflinte schon gerichtet. Schon wäre es mit der Kugel gegangen. Eine Baumlänge noch, dann würde es passen. Er tat es, lief in Rauch und Hagel der roten Bördelhülse. In den Ohren dröhnte und klingelte der Nachhall, hinter mir Amselgezeter, abgrundtiefer Bass eines Alttieres.

Der Fuchs kam, wenn auch nicht direkt, aufs Klagelied. Er musste, wie sich am nächsten Tag im Schnee feststellen ließ, spontan auf die Klage zugestanden sein, wollte von mir ungesehen auf den Weg, wo ihn die frische Witterung des Langläufers zurückgeschreckt haben mag. Er holte dann, wohl des tiefen Schnees wegen, in größerem Bogen aus und kam mir erst geraume Zeit danach von der anderen Seite.

Noch zwei Kilometer waren's auf den schmalen Brettern bis zum abgestellten Auto. Fuchs geschränkt auf dem Rucksack. Rauer Ruf zweier Raben, im schon ungewissen Licht des Abends – Heimweg.

Der Ansitz im Feld

Wo laufen die Füchse?

Wenn wir uns bei Schnee im Feld umschauen, werden wir fast überall Fuchsspuren finden. Wir werden feststellen, dass die meisten Spuren nicht auf direktem Weg von A nach B führen, sondern oft ziemlich verschlungen und scheinbar völlig ziellos hin und her führen. Denselben Eindruck gewinnen wir oft, wenn wir in der Nacht einem Fuchs in den Wiesen zuschauen. Manchmal macht sich der Fuchs auf einer kaum zwei Hektar großen Wiese eine volle Stunde zu schaffen. Er läuft hin und her, springt nach Mäusen, hält sich auch gelegentlich längere Zeit in einem kleinen Raum auf, lässt sich in Summe vor allem unglaublich Zeit. Dann, auf einmal, scheint ihm ein anderes Ziel in den Kopf gekommen zu sein, und er trabt zügig davon. Häufig tut er das auf einem Weg.

Wir werden aber auch feststellen, dass gewisse Örtlichkeiten den Fuchs besonders anzuziehen scheinen. In unserer stark ausgeräumten Agrarlandschaft sind das Hecken, Schilfstreifen, Obstbäume und sogar Masten von Hochspannungsleitungen, wenn sich unter ihnen Büsche oder hohes Altgras finden. Das sind Örtlichkeiten, unter denen es nach Mäusen riecht, und bei den Obstbäumen finden sich manchmal zusätzlich angefaulte Früchte. Mit ein paar Handvoll Getreide kann der Jäger einzelne Örtlichkeiten besonders attraktiv machen; das Getreide zieht die Mäuse der Umgebung an. Selbst wenn Vögel das Getreide entdecken und nutzen, machen ihr Gestüber, verlorene Federn und überhaupt ihre Witterung den Platz für den Fuchs interessant.

Leitlinien der Landschaft sind Gewässer jeder Art. Teich- und Seeufer werden ebenso abgesucht wie die Uferstreifen neben Fließgewässern. Bei breiteren Fließgewässern, die der

Wo Maus, da Fuchs.
Zäune, bei denen Altgras wächst und wo sich Mäuse finden, sind für den Fuchs attraktiv; ebenso Hecken, Schifstreifen, Obstbäume oder sogar Masten von Hochspannungsleitungen.

Fuchs nicht so einfach überspringen kann, sind Brücken Fixpunkte, die gerne und regelmäßig angelaufen werden! Auch im Feld gilt, was beim Luderplatz gesagt wird – der Ansitzort muss gut erreichbar sein. Wir stellen uns vor, wir müssen erst etliche hundert Meter übers Feld oder am Bach entlang, um unseren Hochsitz zu erreichen. Dann ziehen wir mit unserer Spur einen „Sperrriegel“. Bei tieferem Schnee ist das Stapfen aber auch unangenehm und schweißtreibend. Wir beziehen dann mit feuchtem Rücken unseren Ansitz.

Eine Spur fahren

Wo der Schnee uns einbrechen lässt, trägt er den Fuchs meist noch. Dennoch nimmt dieser ganz gerne eine feste Spur an, besonders wenn lockerer Neuschnee liegt. Äußerst beliebt sind Langlaufloipen. Daher hatte ich in meinem kleinen Moosrevier die Luderhütte an einer Waldecke unmittelbar neben der Loipe.

Im Feld legen die Bauern mit ihren Traktoren manchen „Fuchsweg“. Da kann der Jäger gelegentlich etwas nachhelfen, indem er einen Bauern bittet, ihm eine Spur passend zum Ansitzort zu legen. Oder er legt sie, solange der Schnee nicht zu hoch ist, mit dem Allradfahrzeug selbst. Wenn er in der Spur hin und wieder ein paar kleine Brocken verliert, macht er sie für den Fuchs interessant.

Wo das Gelände passt, ist es am besten, so eine Spur am Waldrand beginnend, an unserem Ansitz vorbei, Richtung Dorf zu legen. Dabei genügt es, wenn sie an unserem Ansitz bloß noch ein kleines Stück weiterführt. Wir müssen sie nicht kilometerweit bis ins Dorf legen. Wenn der Fuchs in ihr immer wieder etwas Fressbares findet, hält er sich nicht so lange mit der Suche nach Mäusen im waldnahen Feld auf. Er ist beim Auslaufen am Abend ja noch hungrig!

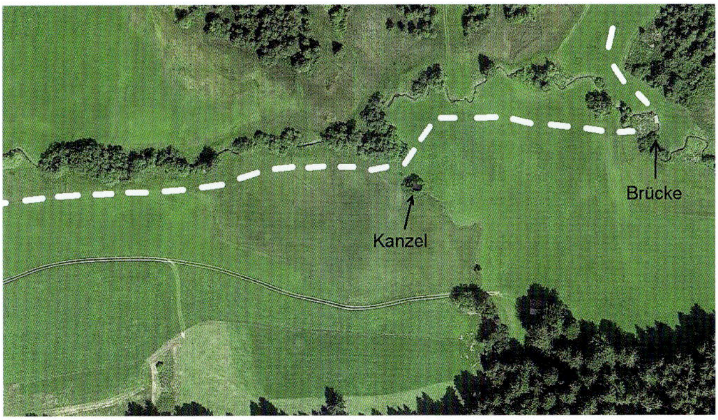

Eine Situation aus der Praxis – Ansitzplatz im Feld.

Die Loipe (gestrichelte Linie) kommt vom Dorf herunter, überquert den Bach und führt an diesem entlang weiter. Die niedrige, aber geschlossene Kanzel steht etwas zurückgesetzt in einem Weidenbusch. Sie wird bequem auf der Loipe angegangen, wo die Witterung nicht stört.

Mit einer Schleppe nachhelfen

Heute legen nur noch wenige Jäger eine Schleppe, um damit den Fuchs vor den Ansitz zu bringen. Dabei ist es eine uralte und bewährte Methode, die sich gerade jenen Jägern empfiehlt, die nicht halbe Nächte hindurch in der Luderhütte sitzen mögen. Sie funktioniert vor allem im Winter bei Schnee gut. Als Schleppenmaterial eignet sich so gut wie alles, was der Fuchs gerne frisst: das Gescheide aller Wildarten, Lungenbrocken, Milz, Pansen, schweißige Hasenbälge, Fischabfälle, und so weiter.

Am besten gibt man alles in so ein kleines Kunststoffnetz, in dem Supermärkte Zwiebel oder Erdäpfel anbieten. Zubinden und ein Stück Schnur überstehen lassen, an der wir das Netz ziehen können – fertig. Bei Schnee geht es am schnellsten und leichtesten, wenn man die Schleppe mit Hilfe seiner Schier legt, und zwar von zwei Seiten auf den Hochsitz zu. Je länger die Schleppe, umso mehr Füchse kreuzen sie! Nur sollte eine Schleppe

Legen einer Schleppe.

Schleppen sollen dazu dienen, Füchse an einen bestimmten Platz zu lenken. Ihre Wirksamkeit scheint nicht immer gleich zu sein.

Er hat den Braten gerochen und kommt auf der Duftspur der Schleppe. Als „Schleppenmaterial“ eignet sich zum Beispiel getrockneter Rinderpansen oder auch geräucherte Fischköpfe.

nicht gerade dort gezogen werden, wo Spaziergänger den roten Faden entdecken.

Es gibt noch eine andere recht wirkungsvolle und dabei weniger arbeitsintensive Methode, den Fuchs zu unserem Ansitzplatz zu lenken: Wir geben in so ein oben beschriebenes Netz eine gute Handvoll getrockneten und zerkleinerten Rinderpansen (natürlich kann man auch Rot- oder Rehwildpansen trocknen und in das Netz geben, ebenso geräucherte Fischköpfe oder Flossen) und hänge es, wenn wir den Sitz beziehen, einfach unter diesen. Allerdings wirkt es – abhängig vom Wind – nur nach einer Richtung, während die Schleppe nach zwei Seiten oder auch ringsum gezogen werden kann.

Es ist nicht schlecht, das „Duftnetz“ schon einen Tag, ehe man sitzt, aufzuhängen. Am besten zerbröselt man dann den Pansen, damit der Fuchs unterm oder beim Sitz etwas findet.

Man darf es auch einige Tage einfach hängen lassen. Doch wenn es zur Dauereinrichtung ohne wirklichen Nutzen für den Fuchs wird, verliert es seine Wirkung.

Stumm oder laut?

Wollen wir passiv im Feld sitzen und die Zeit an uns vorbeistreichen lassen, oder versuchen wir es mit der Hasenklage? Gut, wir haben im Feld, wenn es nicht sehr gegliedert oder kupiert ist, den Vorteil, weit zu sehen. Da können wir mit der Hasenklage nicht viel kaputtmachen. Es kommt kein Fuchs ungesehen so nahe an uns heran, dass wir ihn mit der Klage in die Flucht schlagen. Trotzdem müssen wir sparsam mit ihr umgehen. Wer alle zwanzig Minuten einen imaginären Hasen abkragelt, findet bei den Füchsen wenig Vertrauen. Die Hasenklage ist in stiller Nacht bis zu einem Kilometer weit zu hören, also auch von Füchsen, die wir nicht sehen.

In welcher Situation wir welchen Reizlaut verwenden, um den Fuchs zum Zustehen zu bewegen und wann es ziemlich sinnlos ist, haben wir schon im vorstehenden Kapitel gelesen. Nochmals in Stichworten:

- Wir sehen den Fuchs in einem Bereich von maximal hundert Metern und mäuseln.
- Wir sehen keinen Fuchs oder nur einen auf große Entfernung, dann nehmen wir die Hasenklage.
- Irgendwo bellt ein Fuchs oder wimmert, dann antworten wir ihm.

Erinnerung

Lange her … Noch Praktikantenzeit, irgendwo an einer Grenze, mitten in Europa. Grenzzaun, Minenstreifen und etliche Kilometer davor das Revier. Sackgasse unserer kleinen, noch als heil empfundenen Welt, ziemlich entvölkert. Strukturschwaches Gebiet, sagten die Politiker, und sie sagten, die Grenze sei unmenschlich und müsse fallen, weil sie sich sicher waren, es würde nie geschehen. Irgendwo dahinten also.

Der „alte Gyra", er war damals schon Ende vierzig, wollte mitkommen. Er hatte keine Jagdkarte, war aber an der Jagd interessiert und immer zur Stelle, wenn man seiner Hilfe bedurfte. Im Sommer ging er manchmal mit zum Abendansitz; dann saßen wir immer getrennt. Der alte Gyra – alt aus meiner damaligen Sicht – war nämlich ein gleichermaßen leistungsstarker Kettenraucher wie virtuoser Dauerhuster. So hätte ich ihm auch in jener Nacht gerne einen eigenen Sitz zugeteilt, möglichst weit von meinem entfernt. Aber er bettelte regelrecht, wollte neben mir sitzen, um zu lernen. Also!

Der Mond wanderte von Wolkeninsel zu Wolkeninsel, und die dünne Schneedecke war von der wärmenden Nachmittagssonne durchlöchert worden, so wie ein seit Jahren auf dem Dachboden hängender Fuchsbalg von den Motten. Bei solchen Bedingungen ermüden die Augen rasch. War der Mond wieder hinter einer Wolkeninsel, schien sich hier und dort ein freigetauter Grasfleck zu bewegen. In solcher Situation waren vielleicht vier Augen stärker als zwei.

Irgendwo oben, mitten in den winterkahlen Feldern, zwischen Wald und Dorf, stand eine offene Kanzel. Die bezogen wir. Temperatur so knapp unter null; Wind eingeschlafen und ohne Belang. Acht Schläge von der Kirche herauf. Antwort von der Nachbarkirche, drei Kilometer talaufwärts. Sonst nur Schweigen – fast nur! Wir saßen noch keine fünf Minuten, da hüstelte der alte Gyra schon in sein vor den Mund gepresstes

Sacktuch. Frust und Höflichkeit drohten in Streit zu geraten. Jagdlich war ich zweifellos der „Ober“, an Lebensjahren der „Unter“. In jener Zeit gab es noch so etwas wie einen Altersbonus. Ältere Menschen – älter immer bezogen auf den Betrachter – genossen einen Respektsvorschuss. Es war nicht angebracht, sie wegen Dauerhustens zu rügen.

Wenn der alte Gyra nicht gerade sein Sacktuch vor den Mund presste, schaute er durch sein altes Wehrmachtsglas und klopfte optisch die vielen dunklen Flecken ab. Der eine oder andere Fleck wurde zum Hasen, umgekehrt verwandelten sich weiter entfernte Füchse in Gras. Neben mir meist ein rot glühender Punkt in Gyras Gesicht, seine Zigarette – eine nach der anderen und ein Hustenanfall nach dem anderen. Nach einer mehr durchlittenen als genossenen Stunde neun Schläge vom Dorf herauf und das Tal herab.

Oben, kurz vor dem Wald, bewegte sich jetzt tatsächlich etwas, schob sich hastig ein Stück nach links, verharrte einige Zeit und schob sich wieder nach rechts oder herunter. Es war weit dort hinauf, aber es war zweifellos ein Fuchs! Gyra wurde nervös, drückte seine Zigarette aus, um nicht husten zu müssen. Ersteres gelang, zweites nicht. Doch der Fuchs nahm keine Kenntnis davon. Entweder er hörte das Gewürge und das innere Explodieren meines Begleiters nicht, oder er ordnete es dem unter uns befindlichen Dorf zu. Er stand uns aber auch nicht wirklich zu. Gyra wollte schüchtern wissen, ob man ihn nicht locken könne. Man konnte es zumindest versuchen; ob er auf Schussweite herankommen würde, war ungewiss. Mochte aber auch sein, die Kontinuität der Hustenanfälle hatten ihn von deren Harmlosigkeit überzeugt. Bei Jägern, die bereits Anfang Juli mit dem Blatten beginnen, gewöhnen sich die Böcke zuweilen auch an das Dauergequietsche. Sie springen dann zwar nicht unbedingt, aber sie akzeptieren das Geplärre. Also nahm ich die Quäke an den Mund und log dem da oben etwas vor.

Unser Fuchs kam näher. Es hätte – zur Not – schon für einen Schuss gereicht, doch er stand spitz. Auf ein wesentlich größeres Reh schießt man in solcher Situation auch nicht. Neben mir wand sich Gyra, dessen Bronchien rebellierten. Er presste jetzt beide Arme vors Gesicht und beugte sich so weit vorne über, dass er für den Fuchs völlig verschwand. Dieser verharrte einen Moment, sicherte zu uns herunter. Schon rechnete ich damit, er würde die Flucht ergreifen. Doch dann setzte er sich neuerlich in Bewegung, direkt auf uns zu. Als er auf fünfzig Meter heran war, bellte irgendwo drüben im Nachbarrevier ein anderer Fuchs. Der unsere drehte sich etwas und sank schon im Knall in sich zusammen. Und nun brach es aus meinem gequälten Begleiter mit Macht heraus. Der ganze, während mehr als zwei Stunden unterdrückte Husten wollte in die Freiheit, und zwischen den von nichts mehr zurückgehaltenen Kaskaden flogen Wortfetzen mit, die so etwas wie Weidmannsheil bedeuten mochten.

Gyra fingerte nach der nächsten Zigarette, kletterte die Leiter hinab und lief hinauf zum Fuchs. Ich aber stopfte mir befreit eine Pfeife, blies blauen, nach Feigen und überhaupt beseligend riechenden Rauch in die kalte Luft der Winternacht. Dann der Weg hinunter ins Dorf, heim ins alte Forsthaus im Burggraben. Dort noch ein langer Hock am Herd, um uns herum die aufgeregte, uns mit feuchter Schnauze anstoßende, hinaus zum Fuchs verlangende schwarze Bracke. Vorbei.

Die Birsch im Schneehemd

Annäherung mit gleichen Waffen

Wenn man so herumfragt, findet man kaum noch einen Jäger, der diese wirklich alte Jagdart kennt. Im Gegenteil, man wird belächelt bis ausgelacht, denn dass man sich dem so schlauen und aufmerksamen Fuchs im Schneehemd mitunter bis auf Schrotschussweite nähern kann, das glaubt fast keiner mehr. Wie auch, wenn es keiner macht und wenn weder Jungjägerausbilder etwas davon erzählen noch Jagdzeitungen etwas davon schreiben?

Heute besteht Jagd für die Mehrheit der Jäger aus Gummibirsch und Hocken auf einem Hochsitz. Man muss aber auch zugeben, dass sich die Verhältnisse in den Revieren gewandelt haben. Nicht nur die bejagbare Fläche hat sich reduziert; viele Reviere wurden auch in Birschbezirke zerstückelt, und dem einzelnen Jäger bleibt nicht mehr viel. In den Gemeindejagden bzw. Genossenschaftsjagden ist die Zahl der Jäger überdies meist hoch, und es ist zunächst eine Frage der Sicherheit, ob es der Jäger wagt, sich als „Gespenst" zu bewegen. Er muss sich also zumindest absprechen. Ein weiteres Hindernis ist die Verbauung der Landschaft. In vielen Revieren der Ebene sieht man von einem Dorf zum anderen. Da wird jeder flache Schuss zum Risiko. Trotzdem gibt es noch genug Reviere, in denen die Birsch im Schneehemd zu verantworten ist.

Was den Reiz dieser Jagdart ausmacht, ist der Umstand, dass sich Wild und Jäger zumindest annähernd gleicher Waffen bedienen, auch wenn der Jäger in letzter Konsequenz doch wieder sein Gewehr benutzt. Es ist und bleibt eine Leistung unserer Sinne, wenn wir uns dem Fuchs bis auf Schussweite nähern. Der Jäger ist ebenso aktiv wie der Fuchs; beide setzen ihre Sinne voll ein. Tragisch und irgendwie auch ungerecht wird es am

Ende, weil einer immer verliert. Trifft dies den Fuchs, ist er tot. Verliert der Jäger, straft ihn höchstens die Enttäuschung.

Die Nachtvertrautheit

In dem Kapitel über Kannibalismus *(Seite 51 ff.)* habe ich von Welpen und einer Fähe berichtet, die mich in der Dunkelheit, aber im Licht des Autoscheinwerfers, auf wenige Meter aushielten, als ich einen überfahrenen und bereits angeschnittenen Welpen untersuchte. Bei Welpen und Jungfüchsen – die ja meist noch keine negativen Erfahrungen mit dem Menschen gemacht haben – findet man diese Vertrautheit besonders häufig. Sie kommt aber auch bei Altfüchsen vor. Felix Labhardt berichtet von einem Jungfuchs, dem er im Spätsommer bei Mondlicht im offenen Feld auf wenige Meter folgen konnte, ohne beachtet zu werden. Derselbe Jungfuchs vergrößerte seine Fluchtdistanz in der Morgendämmerung auf rund 80 Meter. Weiters berichtet er von einer zweijährigen Fähe, der er sich im Scheinwerferlicht auf 15 Meter nähern durfte, als sie eine Beute fraß.

Ich selbst hatte meine erste Nah-Erfahrung mit einem Fuchs irgendwann Anfang der 1950er-Jahre auf der Küssaburg, nahe der Schweizer Grenze. Wir verbrachten dort zwei Ferienwochen mit den Eltern und wohnten in dem gleichnamigen, von Wiesen und Wald umgebenen Gasthaus. Ich war damals zwar noch ein kleiner Bub, hatte aber meine Berufspläne schon ziemlich fix unter Dach und Fach. Und so entwischte ich eines Abends, als meine Eltern noch im Gasthaus bei einem Glas Wein saßen, vors Haus. Dort kam aus der nächtlichen Wiese und im trüben Licht der Hoflampe eine „rote Katze“ auf mich zu, die aber sehr schnell zu einem Fuchs wurde. In diesem Fachgebiet machten mir die „Alten“ nichts vor. Denn dass eine Katze einen runden Kopf mit flachem Gesicht und Stupsnase hat und der Fuchs eine lange spitze Schnauze, das wusste ich damals schon. Und auf eine Entfernung von zwei oder sagen wir drei Meter sieht das ein Achtjähriger auch im Schein der Hoflampe. Der Fuchs hatte mich längst entdeckt, setzte sich nieder und schaute mich einige Zeit an, ehe er sich ohne jede Eile wieder in der nächtlichen Wiese auflöste.

Als ich hernach in der Gaststube meinen Eltern und anderen mit am Tisch sitzenden Gästen von diesem unglaublichen Erlebnis berichtete, wurde ich von allen ausgelacht. Ganz bestimmt sei es eine rote Katze gewesen, vielleicht ein rolliger Kater aus dem Dorf unten, der einen nächtlichen Ausflug gemacht habe. Nur die Wirtin, das blieb mir in angenehmer Erinnerung, schlug sich auf meine Seite und berichtete, dass der Fuchs fast jeden Abend auf den Hof käme und wenig Scheu hätte.

Ein anderes Erlebnis, das ich im September vergangenen Jahres hatte, könnte zum Thema passen. Ich hatte in einer Waldwiese gesessen und ging, als das Licht zum Ansprechen nicht mehr ausreichte, heimwärts. Am Waldrand blieb ich stehen, leuchtete die Felder ab und entdeckte auf sicher mehr als hundert Meter einen Fuchs in den Wiesen. Ich schaute ihm einige Zeit zu, wie er auf der Suche nach Mäusen hin und her lief. Dann ging ich langsam am Waldrand entlang weiter. Der Fuchs hielt dieselbe Richtung bei und kam mir dabei näher. Irgendwann blieb ich stehen, um ihn nicht zu vergrämen. Schließlich suchte er kaum fünfzig Meter neben mir, und der Wind war auch nicht astrein. Zehn Minuten vergingen, eine Viertelstunde; es half nichts, ich musste heim. So ging ich langsam weiter. Den Fuchs störte es nicht; er setzte seine Suche fort.

Vielleicht ist es eben doch nicht nur die Tarnung, die uns das Schneehemd verleiht, und auch nicht unsere penible Beachtung des Windes. Vielleicht sind wir für einen Teil der Füchse in der Nacht einfach nicht sonderlich interessant. Übrigens, dass ein Fuchs in der Dämmerung oder in der Mondnacht unmittelbar bis ans Auto des Jägers kommt, ist keineswegs selten. Es sind im Laufe eines Jägerlebens so viele Erlebnisse, über die wir einzeln kaum nachdenken und die gemeinsam doch ein tiefes Nachdenken verursachen können.

Ein besonderes Erlebnis fällt mir noch ein, das in dieselbe Kiste passt: Es war vor Jahren im Moos, einem kleinen Revier im Voralpenland, das ich gepachtet hatte. Die Hütte stand direkt am Waldrand und über der auch als Schlafplatz dienenden Bank befand sich das Fenster. Es war eine laue Mondnacht, und ich saß aufrecht im Bett und schaute hinaus in die vom Mondlicht verzauberten Wiesen. Da entdeckte ich weit draußen einen Fuchs, der hin und her laufend langsam näherkam. Irgendwann stand er kaum fünf Meter vorm Hüttenfenster, schaute mich kurz an und suchte, als wäre ich überhaupt nicht anwesend, weiter. Natürlich hat er um die Hütte und die beiden diese benützenden Menschen samt ihrem Hund gewusst. Natürlich hatte ihm der Wind von unserer Anwesenheit erzählt. Und ziemlich sicher hat er mich im vom vollen Mondlicht beschienenen, weit offenen Fenster auch erkannt.

Die Gedanken um solche Erlebnisse „erspart“ man sich mit einem frühzeitig abgegebenen Schuss …

Die Ausrüstung

Im Handel gibt es Schneehemden, die eigentlich Schneemäntel sind, und Schnee-Pelerinen. Letztere werden von vielen Jägern bevorzugt, weil unter ihnen auch das Gewehr verschwindet. Ich bevorzuge die Mantelform, weil man mit ihr viel schneller das Gewehr im Anschlag hat. Bei der Pelerine muss man Arme und Gewehr erst ins Freie wurschteln, was einigermaßen zeitraubend und aufwändig ist. Zweifellos ist es ein Manko, wenn der Jäger bei solcher Birsch das schwarze Gewehr über der Schulter trägt, dazu auch noch das Glas. Beides sticht vom reinen Weiß ab. Daher ist ein Schneehemd mit „Tarnverschmutzung“ vorzuziehen, also eines mit ein paar unregelmäßigen, blassen Flecken.

Jäger im Schneehemd.

Mit dem Schneehemd kommt der Jäger in der Nacht – wenn er den Wind beachtet – relativ leicht auf Schussnähe an den Fuchs heran. Auch Zielfernrohr und Fernglas verstecken sich in weißen „Stoffpräservativen".

Das Gewehr bekommt sein eigenes Schneehemd, in dem es von der Mündung bis zum Verschluss untertaucht. Auch Zielfernrohr und Fernglas verstecken sich in weißen „Stoffpräservativen". Wer einen Zielstock mitführt, der im Feld eigentlich unverzichtbar ist, kann auch diesen tarnen. Am einfachsten ist es, sich für die Birsch im Schneehemd einen eigenen Zielstock anzuschaffen, der mit weißer Farbe gestrichen wird. Allerdings sind „Schneehemden" für Gewehr und Optik weder beim Jagdausrüster noch beim Billigimporteur von Kinderarbeit erhältlich. Der Jäger kann sich jedoch leicht selbst behelfen, indem er heiratet und diese Requisiten daheim in Auftrag gibt …

Was das Gewehr betrifft, so ist eine gefällige Bockwaffe mit leichtem Kugelkaliber und Handspannung ideal. Handspannung deshalb, weil man bei solcher Birsch, wenn der Boden gefroren ist und unterm Schnee kleine Eisplatten lauern, schnell einmal ausrutscht und fällt. Ob das nun eine Handspannung aus zeitgenössischer Fertigung ist oder ein kleines Hahngewehr, das ist Geschmack- oder Preissache. Ein vierfaches Glas reicht vollauf, auch in der Mondnacht!

Wann und wie?

Die Birsch im Schnee funktioniert nicht, wenn dieser den Jäger nicht trägt. Ideal ist flaumiger Schnee. Der soll nicht allzu hoch liegen, aber doch so, dass er das selten geräuschlose Auftreten auf gefrorenem Boden oder das Brechen dürren Astwerks verhindert. Ganz gut birscht es sich auch bei leichtem Schneefall. Wichtigster Grundsatz: Wir birschen möglichst gegen den Wind!

Was uns die Annäherung erleichtert, ist die Gesichtsanatomie des Fuchses – seine nach vorne gerichteten Seher. Während nämlich der Hase mit seinen seitlich platzierten Sehern fast Rundumsicht genießt, fokussiert sich der Blick des Fuchses ganz nach vorne. Solange er nicht in unsere Richtung schaut, dürfen wir uns bewegen. Es heißt also gelegentlich geduldig warten, ehe wir wieder ein paar Schritte wagen. Am einfachsten ist die Annäherung immer von hinten oder schräg von hinten, und hier wiederum, solange der Fuchs mit einer Maus beschäftigt ist. Da steht er oft längere Zeit völlig unbeweglich und fixiert mit schräggehaltenem Kopf eine Stelle im Schnee. Dabei sind nicht nur seine Seher, sondern auch seine Gehöre völlig nach vorne gerichtet, und seine Konzentration gehört absolut der Beute. In dieser Phase scheint er alles andere zu vergessen.

Alexander Schmook, der diese Jagd sehr gerne und erfolgreich betrieb, schreibt, dass es ihm mehrfach gelungen ist, sich einem Fuchs „bis auf zwanzig Schritt“ zu nähern. Ich selbst war immer froh, es bis auf fünfzig Meter geschafft zu haben. Ob ich dabei die Sache wirklich ausgereizt habe oder einfach nur keine

Volle Konzentration beim Mausen.

Am einfachsten ist eine Annäherung an den Fuchs immer von hinten oder schräg von hinten, und hier wiederum, solange der Fuchs mit einer Maus beschäftigt ist.

nähere Annäherung wagte, sei dahingestellt. Es reicht aber auch so absolut. Ja, es kommt vor, dass man achtzig oder hundert Meter vor dem Fuchs stehenbleibt, und der Zufall lenkt einem diesen bis auf Schrotschussweite vors Rohr. Ideal ist es, wenn der Jäger im Feld neben einem Obstbaum stehen kann, neben Strohballen oder ähnlichen „Annehmlichkeiten". Das nimmt ihn nicht nur optisch etwas aus der Landschaft, es ist bei längerem, bewegungslosem Stehen auch angenehm, sich abstützen zu können. Vorteilhaft ist es auch, wenn man einen Stadel, Buschwerk oder andere Deckung zwischen sich und den Fuchs bringen kann. Ist das der Fall, so gelingt die Annäherung meist problemlos.

Erinnerung

Urlange her – Praktikantenzeit, viereinhalbtausend Hektar, fast alleine, später nie mehr so gewesen. Eher düsteres Mittelgebirge. An den in die Ebene hinabführenden Hängen lagen Rebgärten und Streuobstwiesen. Drunten, bald auf purem Sand, bald auf Kies, stille, sommers verträumte Föhrenwälder. Dahinter und bis zum Fluss von den Bauern bereits aufgegebene – verhökerte – Felder. Brachland, das schon etliche Jahre auf Industrieansiedlungen wartete. Rebhühner, in heute unvorstellbarer Zahl, Fasane, Hasen. Dort, wo Föhren oder Robinien das Sagen hatten, gab es Kaninchen in Massen. Im Winter am Fluss Enten, die in ihrer Vielfalt das Angebot im Lehrbuch übertrafen, und auf den Wiesen die Gänse. Wo hätten sich in mondheller Winternacht Fuchs und Hase „Gute Nacht" sagen sollen, wenn nicht hier!

Fernsehlose Zeit, Kinder schon vorhanden, fürs Wirtshaus kein Geld. Aber – dort eh selten genug – schuhhoch Schnee. Schneehemd Marke Eigenbau, Stutzen made by Anschütz im Kaliber .22 Hornet. Birsch am Flussufer entlang. Aufgeschreckte, laut kreischende Reiher. Zweimal oder dreimal Rehe, die mich realisierten und trotz Schneehemd die Flucht ergriffen; und irgendwann ein schwarzes Etwas, das bald Punkt, bald Strich war – sozusagen Strichpunkt. Weit war es, viel zu weit für einen Schuss, aber Fuchs war es auch. Langsam, aus Unerfahrenheit vielleicht übervorsichtig, birschte ich dem sich eher entfernenden als nähernden „Strichpunkt" nach. Die Vorteile eines Zielstockes auch im flachen Land wollten mir damals noch nicht in den Kopf. So versuchte ich einen der wenigen verbliebenen Obstbäume zu erreichen. Doch wenn der nächste Obstbaum sechzig oder achtig Meter rechts stand, driftete der Strichpunkt dieselbe Strecke nach links. Immerhin, die Entfernung, die uns trennte, schrumpfte. Aus dem Strichpunkt war längst auch optisch ein Fuchs geworden, der sich jetzt auf einer größeren Brachfläche offenbar mit Mäusen beschäftigte.

Ich wagte nicht, ihn soweit anzugehen, dass ein Schuss ohne Stock oder sonstige Anstreichmöglichkeit gelingen konnte. Doch da war mitten im Feld und dem Fuchs schon recht nahe ein Transformatorenhaus der Elektrizitätsversorgung. Auf ihm trafen und kreuzten sich die aus drei oder vier Richtungen kommenden Drähte. Wenn es gelang, mit Hilfe des Schneehemdes so weit nach links zu kommen, dass das turmartige Häuschen zwischen mir und dem Fuchs stand, mochte es gelingen. Es dauerte zwar, doch es gelang. Nur musste ich meine Stoßrichtung immer korrigieren, denn einmal kam der Fuchs rechts zum Vorschein, dann wieder links. Schließlich hatte ich das kleine Bauwerk erreicht, schlich vorsichtig erst ein paar Schritte nach links und dann nach rechts, und da war er ja auch schon! Er war jetzt dem Häuschen wesentlich näher als beim letzten Blickkontakt – verdammt nahe sogar, kaum mehr als dreißig oder vierzig Meter. Ich wagte keinen Schritt mehr, wartete nur, bis der Fuchs mir abgewandt stand und sank zusammen. Kniend mochte es auf diese kurze Distanz gehen. Als er sich wieder etwas drehte, ließ ich fliegen. Da lag er!

Ich schränkte ihn mit einer Schnur und trug ihn – abwechselnd links und rechts – die fast zwei Kilometer retour zum Auto. Die Arme traten in Streik; Schweiß verdampfte in kalte Winterluft. Aber es war ein tolles Erlebnis, und mit der Erfahrung späterer Jahre hätte es vielleicht auch einfacher gelingen können. Noch etwas war damals: die Überzeugung, etwas kolossal Wichtiges getan zu haben, dem Niederwild geholfen zu haben. Zwei Jahre später, ich war inzwischen zu anderen Gefilden gewandert, kamen Menschen mit Vermessungsgeräten, und denen folgten Baumaschinen, Stahl und Beton …

Das Birschfahren im Feld

Erlaubt oder nicht?

Zunächst einmal ist das Birschfahren eine sehr alte und traditionsbehaftete Jagdart, und auf Tradition legen wir Jäger ja immer großen Wert …

Natürlich kommt jetzt der Einwand, früher sei man ausschließlich mit dem Pferdegespann unterwegs gewesen. Das stimmt, doch keineswegs aus Tradition oder Weidgerechtigkeit, sondern weil die Alten so viel auf der Jagd waren, dass ihnen die Zeit fehlte, ein Auto zu erfinden. Hätten sie schon ein solches – in reviertauglicher Ausführung – zur Verfügung gehabt, dann wären die Kutschpferde der Salami näher gewesen als den mondbeschienenen Wiesen.

In den meisten österreichischen Bundesländern ist der Schuss aus dem Kraftfahrzeug verboten. In Wien, in Niederösterreich und in Tirol darf nur nicht aus dem fahrenden Kraftfahrzeug geschossen werden. Es ist jedoch nirgends verboten, auszusteigen, auf dem Dach aufzulegen und zu schießen. Schon gar nicht verboten ist es, in die Nähe des Wildes zu fahren, auszusteigen und das Wild anzubirschen.

Die Mehrheit der Jäger – so der subjektive Eindruck des Verfassers – beherzigt das Verbot, nicht aus dem Auto heraus auf Wild zu schießen, wenn es um Schalenwild geht, leichter als beim Fuchs. An der Rechtslage ändert dies freilich nichts. Wir wollen hier davon ausgehen, dass der Jäger nicht gesetzbrüchig wird.

Was ist eigentlich vertretbarer: Welpen am Bau vom Hochsitz aus zu schießen oder einen Altfuchs im reifen Balg vom Autodach aus?

Wo und wann?

Man muss das Wild dort suchen, wo es sich aufhält, und in der Winternacht halten sich die meisten Füchse im Feld auf. Ist der Schnee auch noch gefroren, sodass er den Fuchs trägt, ist das ideal. Die abgefahrenen Revierteile sollten nicht zu stark kupiert sein. Ansonsten bleibt ein Großteil der im Feld befindlichen Füchse verborgen. In schneereichen Regionen sind die Feldwege meist nicht befahrbar, sodass nur wenig befahrene Ortsverbindungsstraßen und Güterwege bleiben. Das ist aber keineswegs nachteilig. Denn auf der Straße hält der Fuchs ein Auto ungleich besser aus als auf einem Feldweg. Manchmal geht gar nichts mehr, weil die Schneeräumung so viel Schnee an den Straßenrand geschoben oder geschleudert hat, dass wir nicht darüber hinwegsehen und -schießen können. Ideal sind im Mondlicht neben der Straße liegende Hänge! Hier sieht man die Füchse nicht nur gut, man hat auch einen brauchbaren Kugelfang.

Grundsätzlich dürfen wir schon mit Einbruch der Dunkelheit mit laufenden Füchsen rechnen. Besser ist es, mit dem Fahren bis nach den Fernseh-Nachrichten zu warten. Dann ist die Mehrheit der flimmerabhängigen Bevölkerung durch Tatort, Soko oder Fußball so paralysiert, dass sie ihre Baue nicht mehr verlässt. Die Aktivität der Füchse lässt so schnell nicht nach. Man verliert nichts, wenn man erst nach 21 Uhr oder noch später losfährt.

Wie?

Also, ich schoss in „alter Zeit“ nur recht ungern aus dem Auto. Dazu raffte ich mich höchstens dann auf, wenn der Fuchs schon in den Startlöchern stand. Es ist einfach unkommod, aus dem Auto zu schießen, überhaupt dann, wenn der Fuchs uns nicht sonderlich ernst nimmt, um stehenzubleiben und uns zu beobachten. Etwas korpulente oder ältere Jäger tun sich besonders schwer. Da ist es allemal erbaulicher, auszusteigen, auf dem Dach aufzulegen oder an einem Baum anzustreichen. Das funktioniert jedoch nur dann, wenn sich der Fuchs auf der Beifahrerseite befindet. Früher war das ja alles kein Problem. Da hatten viele Autos vorne noch eine durchgehende Sitzbank, und diese voluminösen Tunnel oder Konsolen fehlten auch. Da war es überhaupt kein Problem, schnell und diskret auf die andere Seite zu rutschen.

Vorbei, alles vorbei, doch kein Problem. Befindet sich der Fuchs auf der Fahrerseite, dann ist es besser, erst gar nicht anzuhalten, sondern in unveränderter Geschwindigkeit weiterzufahren, bis man außer Sicht des Fuchses ist. Dann wird gedreht und gemütlich zurückgefahren. Jetzt passt es!

In der Ranz begegnen wir in der Nacht oft zwei oder auch mehr Füchsen – Ranzgesellschaften. Haben wir einen erlegt, und der zweite springt ab, verhalten wir uns ganz still. Oft bleibt der zweite in Schussweite nochmals stehen. In seltenen Fällen, vor allem, wenn der erlegte Fuchs eine Fähe war, kommt der zweite auch wieder zögerlich zurück, um Nachschau zu halten. Ich habe auch erlebt, dass ein Fuchs nach dem ersten Schuss im Bogen auf mich zukam und kurz vor dem Auto die Straße kreuzen wollte. Die Füchse – so schlau sie grundsätzlich sind – realisieren demnach nicht immer, dass der Knall, in dem ein Artgenosse zusammensinkt, vom Auto kommt. Das ist auch nicht verwunderlich, denn je nach Gelände kommt der Knall für die Gehöre des Fuchses von einer ganz anderen Seite. Bei uns im Voralpenland rollte das Echo eines Schusses meist den ganzen Berg entlang und verschlug sich mehrfach. Es beschäftigt den Fuchs mehr als das am Straßenrand stehende Auto.

Es ist bei zwei Füchsen – was gelegentlich möglich ist – ohnehin zweckmäßig, nicht gleich zu schießen, sondern etwas zu warten. Umso weniger findet das Auto Beachtung. Auf keinen Fall sollten wir einem flüchtig abgehenden Fuchs unverzüglich folgen. Wir werden ihn so oder so nicht einholen, und er wird

Wie lange er wohl den Platz hält?
Wenn es für einen Schuss zu weit ist, so kann man überlegen, mit dem Auto an eine strategisch günstige Stelle zu fahren und den Fuchs anzubirschen – immer vorausgesetzt, dass der Wind passt.

nicht verhoffen, wohl aber künftighin gegenüber Autos misstrauisch sein. In solchem Fall ist angesagt, sich ganz ruhig zu verhalten und das Auto nicht eher in Betrieb zu setzen, als der Fuchs außer Sicht ist.

Ganz gut lässt sich das Birschfahren mit der Birsch zu Fuß verbinden. Beispiel: Wir sehen irgendwo im Feld einen Fuchs, zu weit für einen Schuss und ohne Hoffnung, dass er näherkommt. Oder der Fuchs verschwindet hinter einer Hangkante, in einer Senke oder hinter einem Wäldchen. Da ist es je nach Situation angesagt, ruhig weiterzufahren, das Auto abzustellen und den Fuchs im Schneehemd anzubirschen oder ihm den Weg abzuschneiden. Was wir bei einem solchen Vorhaben berücksichtigen müssen, ist vor allem der Wind!

Erinnerung

Lange her! Irgendwo dort draußen, wo das Gebirge seinen Geist aufgibt und langsam im Flachland versickert. Fast jeden Winter Unmengen von Schnee, in früheren Jahren ab der letzten Oktober-, spätestens aber ab der ersten Novemberwoche, und dann liegenbleibend bis ins Frühjahr hinein. Eine Landschaft, wie für den Fuchsjäger gemacht. Draußen das hoch liegende und immer noch relativ schneesichere Vorland, mit seinen tausend kleinen Waldschachen in weiter Wiesenlandschaft, dazwischen Teiche und Schilf. Im Herz aber immer noch Berg, wenn auch nicht mehr ganz so hoch wie inneralpin, dafür zerfurcht von ungezählten steilen Tobeln, zergliedert von noch viel mehr Seitentobeln. Am Fuße des Gebirges kleine, oft aus nur drei Höfen bestehende Weiler, jede Menge im Feld herumliegende Einzelhöfe und bei jedem ein Misthaufen. Zeiten ohne hunderttausend EU-Verordnungen und überall noch ein gesunder, lebenserhaltender Dreck und Unrat – Nachgeburten, tote Hühner, manchmal sogar eine verreckte Sau. Noch bescheidener Viehbestand und Mist auf den Wiesen statt beginnende Massenviehhaltung und Güllefluten. Vereinzelt gab es noch Bauern, die kein Auto besaßen und mit dem Pferdegespann in die Stadt fuhren. Und Förster? Wo heute einer, vom Handy getrieben, durchs Revier hetzt, gab es derer locker fünf in lebenswerter Gemütlichkeit!

Zweiter Fuchsmond, kurz vorm Jahreswechsel: Den Schnee neben der das ganze Gebirge umspannenden Gemeindestraße, hatte kurz vor Heilig Abend ein Wärmeeinbruch so weit niedergedrückt, dass man von der Straße aus in die rechts und links gelegenen Wiesen sah und ohne Probleme vom Autodach aus schießen konnte. So gegen acht Uhr am Abend der fast volle, hinterm Gebirge aufsteigende Mond, der die Schatten der Fichten verführerisch vors Forsthaus warf. – „Gehst mit?"

„Sie" ging mit, und wir gingen, oder besser: wir fuhren quer über den brettelebenen, halbkilometerbreiten Talboden ins Kirchdorf und dann südwärts – Wehrlang zu. Der erste Fuchs gleich oberhalb des Hauses vom Förster Schindler – halt die falsche Seite! Der nächste etliche hundert Meter weiter auf der – wörtlich zu nehmen – rechten Seite, mitten in den Wiesen vorm Rangen. Schauen, dass auch wirklich die Innenbeleuchtung aus war, dann vorsichtig die Tür geöffnet, und hinaus in die eisige Luft. Loden aufs Autodach; Steyr gebettet, und dann der Knall der kleinen Patrone und ein sich einfach in den Schnee fallen lassender Fuchs. Zu zweit stapften wir über den gefrorenen Schnee, um ihn zu holen. Auto am Straßenrand stehend, nicht abgeschlossen, Gewehr drinnen … Es waren andere Zeiten. Dann den Fuchs im Kofferraum auf Papiersäcke gebettet; das mit dem Kunststoff war damals noch nicht so arg.

Wir fuhren weiter. Oberhalb vom Ruthardt, einem Einödhof vorm Wald, der nächste Fuchs. Wieder auf meiner Seite, aber er verschwand eh hinterm Hof und ward auch nach zehnminütigem Warten nicht mehr gesehen. Ein Auto – ein richtiges Auto! – überholte uns. Heute wären es dort in derselben Situation und Zeit sicher schon ein halbes Hundert gewesen.

Weiter! Unterhalb Wehrlang wieder ein Fuchs, mitten in den Wiesen, aber verdammt nahe der Reviergrenze. Die Seite passte. Ich stieg aus, richtete mich ein, aber die Entfernung schien mir etwas weit. Also warten; der Fuchs kam schräg herauf, doch mit jedem Meter, den er näherkam, kam er auch der Grenze näher. Ich mäuselte, und er verhoffte, schaute herauf. Ich wollte nichts riskieren und schoss. Der Fuchs drehte sich zwei-, dreimal in engem Kreis, schnappte nach hinten, fiel um und war tot. Er stand, als der Schuss fiel, leicht schräg, und die Kugel hatte ihn eine Kleinigkeit zu weit hinten gefasst. Nummer zwei übersiedelte in den Kofferraum, bezog sein Lager auf einem der Papiersäcke. Abgesehen vielleicht von wenigen Luxuslimousinen hatten Autos in jener Zeit noch keine Teppichböden, schon gar nicht im Kofferraum. So vertropfte der durch einen Papiersack sickernde Schweiß in die Waben einer Gummimatte.

Auf – umdrehen und zurück! Vorm Rangen, nicht weit von der Stelle, an der unser erster Fuchs lag, schnürte ein anderer dorfwärts. Jetzt, auf unserem Rückweg, war er auf der falschen Seite. Also stieg Heidi zuerst aus, und ich rutschte nach. Es mochten achtzig Meter gewesen sein. Droben beim Fuchsbauer, einem Hof am Nordabfall des Rangens, wurde krächzend eine Tür geschlossen, laut ein vielleicht angefrorener Riegel zugehaut. Irgendjemand rief etwas. Der Fuchs verhoffte und sank im Knall zusammen – Nummer drei!

Als wir nach zwei Stunden Mondnacht wieder am Forsthaus eintrafen, waren es fünf Füchse, die in der Holzlege an der Wand hingen. Freudentanz des Schweißhundes, den wir daheimgelassen hatten. Noch ein Korb Holzscheite mit hinaufgenommen in die Wohnstube. Ein Glut spuckender Ofen, ein Tisch samt Bank, heißes Wasser, Zucker und Rum und ein großes Lot jägerischer Glückseligkeit …

Gebeizte Füchse

Ein Stück Jagdgeschichte

Eine uralte und heute noch lebendige Art, Füchse zu jagen, ist die Beizjagd mit dem Steinadler. Sie spielt zwar in Österreich – gemessen an der Zahl der hierbei erbeuteten Füchse – keine nennenswerte Rolle, wohl aber ist sie Teil europäischer Jagdkultur. Und Füchse sind in vielen Gebieten das größte Wild, auf das diese Jagd bei uns ausgeübt werden darf. Man kann aber mit dem Adler auch Rehe beizen, wo dies erlaubt ist.

Die Anfänge der Beizjagd lagen wahrscheinlich in den weitgehend baumlosen Steppen Asiens. Dort wurde und wird sie bis heute vom Pferd aus praktiziert. Wichtigste Wildarten sind Wolf und Fuchs, weil sich diese an den Herdentieren der Nomaden – hauptsächlich an Yak-Kälbern und an Lämmern – interessiert zeigen. Beizjagd ist dort schlicht Herdenschutz, weil mit der Schießjagd nicht allzu viel auszurichten ist.

Die Fuchsjagd mit dem Adler ist nicht unbedingt weit verbreitet, gleichwohl eine recht effiziente Jagd. Warum? Weil die Reichweite des Adlers ungleich größer ist als die einer Flinte! In Deutschland und Österreich wird diese Jagd im November und Dezember betrieben, einfach weil dann auch noch die Feldhasen Jagdzeit haben. Voraussetzung für diese Jagd ist eine weite, möglichst baumarme Feldlandschaft, die dem Adler Raum lässt, den flüchtenden Fuchs einzuholen, ehe dieser sich seinen Blicken entziehen kann. Mitunter werden solche Jagden daher revierübergreifend betrieben.

Die Fuchsjagd mit dem Adler ist nicht unbedingt weit verbreitet, gleichwohl eine recht effiziente Jagd.

Na – etwas weit hinten …

In der Regel versucht der Adler den Fuchs zunächst mit einem Fang im Bereich des Nackens zu greifen und setzt dann seinen zweiten Fang am Kopf des Fuchses an.

Der Adler bei Suche und Streife

Gebeizt wird überwiegend im Herbst und Frühwinter, also von Oktober bis Mitte Dezember, und fast immer sind es zwei Wildarten, nämlich Hase und Fuchs, wobei oft mehr Hasen als Füchse zur Strecke kommen. Vereinzelt wird auch im Januar und selbst im Februar noch gebeizt, dann allerdings nur auf Füchse, denn die Hasen genießen dann ja bereits Schonzeit. Teilweise werden auch schwache Rehe gebeizt, die bei der Streife hochwerden. In der Regel jagt der Adler jedes Reh an, das ihm der Falkner anbietet. Ob er es dann tatsächlich schlägt oder ob er es nur taxiert und die Verfolgung abbricht, scheint nicht nur vom Gewicht des Rehes abzuhängen, sondern auch von dessen Kondition. Körperliche Schwächen scheint der Adler sehr schnell und sicher zu erkennen.

Ein Teil der Füchse liegt im Spätherbst, vor allem bei gutem Wetter, gerne in etwa kniehohen Gründung-Schlägen, also im Raps, Senf oder in der Phacelia. Diese Schläge werden in Form einer Streife bejagt, wobei der Falkner mit seinem Vogel meist in der Mitte geht. Manchmal steht er aber auch vor. Beteiligt sind, je nach Revierverhältnissen, so um die zehn Jäger. Ist nur ein Adler beteiligt, wird dieser unverkappt auf der Faust getragen. Sind jedoch mehrere Adler im Einsatz, trägt jeder eine Haube, und nur jener bekommt sie abgenommen, der gerade an der Reihe ist. Wird ein Fuchs hoch, lässt der Falkner den Adler diesen anjagen. Dabei erreicht der Adler im schrägen Sturzflug bis zu 120 Kilometer pro Stunde. (Bemerkung am Rande: Steinadler greifen nicht im steilen Sturzflug an, wie etwa der Wanderfalke, sondern in einem schrägen und zunehmend flacher werdenden Flug, daher sind sie dabei auch langsamer.) Die Länge des Jagdfluges variiert. Sie hängt ganz wesentlich davon ab, wie weit der Fuchs zu Beginn seiner Flucht vom Falkner entfernt ist. Manchmal holt ihn der Adler innerhalb von hundert Metern ein, es können aber auch dreihundert Meter werden. Hat er den Fuchs eingeholt, versucht er, diesen zuerst mit einem Fang im Bereich des Nackens zu greifen und setzt dann seinen zweiten Fang am Kopf des Fuchses an. Dabei erzeugen die um die fünf Zentimeter langen Krallen einen punktuellen Druck bis über 1.000 Kilogramm, berichtet Gerhard Bühler, Beizjäger aus dem Schwarzwald. Doch nicht immer sitzt der Griff ideal. Es kommt sogar vor, dass die Zehen des Adlers den Oberkiefer des Fuchses fassen, also auch in den geöffneten Fang des Fuchses greifen. Das kann für den Adler gefährlich sein. Es gibt aber auch Fälle, bei denen der Adler den geschlossenen Fuchsfang umklammert. Deshalb eilt der Falkner seinem Vogel immer so schnell wie möglich zu Hilfe, um den Fuchs abzufangen.

Jagd und Bindung des Fuchses kosten den Adler durchaus Kraft und sind nicht beliebig wiederholbar. Häufig bleibt es bei einem Jagdflug pro Nachmittag.

Ein gewisses Problem stellen die bei einer solchen Jagd eventuell verwendeten Hunde dar. Falkner führen in der Regel eigene Hunde, mit denen ihre Adler vertraut sind und die über den notwendigen Appell verfügen. Bei fremden Hunden ist Letzteres nicht unbedingt der Fall. Solche Hunde wollen dem Adler oft die Beute streitig machen. Das kann nicht nur für beide Kontrahenten übel ausgehen; manchmal erholt sich auch der scheinbar bereits tote Fuchs blitzschnell, wobei sowohl der Adler als auch der Fuchs schwer verletzt werden können, ganz abgesehen davon, dass Füchse dann doch noch entkommen. – Manche Revierinhaber stellen bei solchen Jagden an bestimmten Punkten, etwa an Feldgehölzen oder Waldrändern, auch Schützen vor, die einen dem Adler entkommenden Fuchs in Empfang nehmen.

Meist ist der Adler nach einer erfolgreichen Jagd erschöpft. Daher sind an so einer Suche oft auch zwei und sogar mehr Adler beteiligt. Auch wenn gelegentlich ein Fuchs entkommt, so ist die „Trefferquote“ doch deutlich höher als mit der Flinte.

Der Adler bei der Baujagd

Nicht nur bei der Streife wird der Fuchs gebeizt, auch bei der Baujagd. Die Anforderungen an das Gelände sind dieselben. Der Adler muss Zeit haben, den Fuchs anzujagen, und dieser darf keine Deckung annehmen. Es sind folglich mit dem Adler nur Baue bejagbar, die im Feld liegen. Wenn das Feld keine Deckung in Form von Grün-Dung oder Zwischenfrucht bietet, dann verbringt der Fuchs den Tag in der vegetationsarmen Zeit bevorzugt unter der Erde. Er steckt im Feld aber nicht nur in Natur- und Kunstbauen, sondern ebenso oft in trockenen Drainagen oder Wegdurchlässen.

Auch hier tritt der Adler an die Stelle der Flinte. Der Falkner trägt ihn ohne Kappe auf der Faust und harrt der Dinge, die da kommen, während der Hund unter der Erde arbeitet. Springt

Gesprungen!
Ob er die rettende Deckung rechtzeitig erreicht?

der Fuchs, wird er vom Adler angejagt und nach Möglichkeit geschlagen.

Die Wirksamkeit des Schrotschusses endet bei rund dreißig Metern. Sind die beiden Rohre der Flinte abgefeuert, ohne dass der Fuchs liegt, hat dieser gewonnen. Der Adler hingegen folgt ihm und schlägt ihn auch noch nach dreihundert Metern und weiter. Das Einzige, was die Reichweite des Adlers limitiert, ist die Struktur der Landschaft. Die Schrote töten, auch wenn sie treffen, nicht immer zuverlässig. Der Adler tut dies auch nicht, aber er bindet den Fuchs zuverlässig, sodass dieser zumindest abgefangen werden kann.

Erinnerung

Dezember: In der Nacht fast zehn Grad unter null, gegen elf Uhr immer noch Nebel, Sicht so um die hundertfünfzig Meter. Gerhard Bühler, der mit seinem fast fünf Kilogramm schweren Adlerweib „Leika" – sie ist auf dem Eingangsbild dieses Kapitels zu sehen – aus dem Schwarzwald in die Rheinebene gekommen war, fand die Wetterbedingungen ideal.

Zu acht streiften wir – selbstverständlich ohne Flinte – über die Wiesen und Äcker der Vorlagen, dahinter der durch seinen Wein bekannte Kaiserstuhl. Abgedroschene Maisflächen, Grün-Dung in Form von brusthohem Senf und kniehoher Phacelia, manchmal ein Streifen Vogerlsalat oder schlicht Wintergetreide. Dazwischen lagen immer wieder kleinere „Biotopflächen" mit Seggen, Schilf und Weiden. Dazu drei Flüsse und jede Menge bewachsene Gräben. Eigentlich ideal für Feldhase und Fuchs. Rund achtzig Krähen hatte man im Laufe des Jagdjahres schon geschossen, und dazu jeden Fuchs, der sich erwischen ließ. Eigentlich hätte es bei so viel „Prädatorenregulation" und gleichzeitiger Biotoppflege Hasen genug haben müssen, doch dem war bei weitem nicht so.

Anfangs ging es sich noch leicht; der Boden war gefroren. Doch am Nachmittag löste sich der Nebel auf, und die Sonne machte die oberste Bodenschicht schmierig. Dicke Lehmklumpen hefteten sich an unsere Stiefel. Enten wurden aus den Gräben hoch, und einmal flüchteten erst eine Geiß mit Kitz aus einer Schilffläche und danach noch eine weitere Geiß. Geiß und Kitz flüchteten in unterschiedliche Richtungen, und Leika durfte das Kitz anjagen. Es war unglaublich spannend, doch als sie es fast erreicht hatte, steilte sie hoch und brach ab. Sie hatte erkannt, dass die angejagte Beute „grenzwertig" war. Steinadler versuchen es nicht auf gut Glück, denn jeder Versuch verschlingt kostbare Energie. Diese fehlt bei weiteren Jagdflügen. Das zweite angejagte Reh war eine schwere Geiß, und der Adler hatte schon nach wenigen Metern erkannt, dass sie für ihn eine Nummer zu groß war und ließ ab.

Um es kurz zu machen: Wir kamen an diesem schönen Wintertag an keinen Fuchs und nur an einen einzigen Hasen. Letzterer rutschte am Spätnachmittag, als die Sonne schon verdammt tief stand, kaum zwanzig Meter vor dem Adler aus schütter stehendem Grün-Dung. Es sah ganz einfach aus, und jeder der Beteiligten sah den Hasen schon in den Dolchen des Adlers. Doch im letzten Moment – als der Adler kaum noch eine Flugsekunde hinter ihm war – bremste der Hase seine Flucht abrupt ab und drückte sich auf den Boden. So schnell konnte der Adler nicht reagieren; er schoss über den Hasen hinweg, und bis er abgebremst und gewendet hatte, war dieser für ihn bereits verloren.

Wir waren nur acht Mann und die Schläge manchmal breit. Da mochte sich mancher Hase einfach gedrückt haben. Dem Fuchs aber bot die Landschaft zudem viele Möglichkeiten, ungesehen zu entkommen. Er konnte sich aus den Senfschlägen, die wir durchstreiften, nach hinten absetzen oder einen der vielen trockenen, mit Altgras bewachsenen Gräben nutzen. Egal – es war toll, auch wenn wir am Abend keinen Fuchs hatten. Der Adler hatte uns gezeigt, wie stümperhaft wir mit der Flinte jagen, wie wenig wir – im Vergleich mit ihm – Situationen richtig einschätzen. Und letztlich: Kein Fuchs und kein Hase ging mit Schroten in Gescheide oder Muskulatur verloren …

Brackierte Füchse

Wo wird brackiert?

Es sei vorweg gesagt: Die wenigen beim Brackieren zur Strecke gekommenen Füchse sind statistisch ohne jede Bedeutung. Man kann auch nicht ausschließlich den Fuchs brackieren, es sei denn, man lässt die vom Hund brackierten Hasen laufen und beschießt nur den Fuchs. Dann muss der Brackenjäger sehr bescheiden sein und wird nicht unbedingt jedes Jahr einen Fuchs zur Strecke bringen! Wenn das Brackieren in diesem Buch dennoch Aufnahme findet, dann des vollständigen Überblickes wegen und weil es sich um eine sehr alte, fast ehrwürdige Jagdart handelt.

Mit dem Wort „uralt“ soll man bekanntlich vorsichtig umgehen, aber Brackieren ist tatsächlich eine uralte Jagdmethode. Dabei hat sie bei uns bereits lange keine große Bedeutung mehr. Das Brackieren als solches ist schon fast in Vergessenheit geraten, und manches, das heute so bezeichnet wird, steht dem Stöbern wesentlich näher. Etwas anders sind die Verhältnisse noch immer in Skandinavien. Schweden und Finnland sind „Brackenländer“ – und Fuchsländer obendrein. In Schweden habe ich Jäger kennengelernt, die ihre Hunde nur auf bestimmte Wildarten jagen lassen. Da gibt es Stövare, mit denen Rehe brackiert werden und die selbstverständlich auch den einen oder anderen Hasen jagen. Daneben gibt es aber auch absolute Spezialisten, die kein Reh anschauen und völlig auf Hase und Fuchs eingestellt sind. Doch den Hund, der nur den Fuchs jagt und den Hasen unbeachtet lässt, gibt es wohl nicht. Daher lässt sich auch nicht ausschließlich der Fuchs brackieren.

Typisch für die Brackenjagd ist eigentlich überall eine gewisse „Wilddünne“. Im typischen Hasenrevier ist schwer brackieren, einfach weil der Hund viele Ablenkungen erfährt. In den großen

Brackierter Fuchs.
Er hat während der Brackade ordentlich Vorsprung gewonnen und kann sich Zeit lassen – hoffentlich nicht zu viel …

Wäldern Schwedens besteht diese Gefahr kaum, ebenso wenig im Alpenraum. Wo es jedoch manchmal mehr Füchse zu geben scheint als Hasen, stellt sich auch der Hund leicht auf den Fuchs ein. Eigentlich ist es eine wunderschöne Jagd, die sicher sehr viel mehr Anhänger hätte, wären da nicht Hubertus' „heilige Kühe" – das Rotwild. Tatsächlich stört es dieses wenig, wenn zwei- oder dreimal im Herbst der Hund einen Hasen oder einen Fuchs brackiert. Am schönsten brackiert es sich in den Hochlagen, oben, wo der Bergwald sich ganz langsam aufzulösen beginnt.

Wie wird brackiert?

Es gibt mehrere Möglichkeiten: Entweder der Jäger lässt seinen Hund einen Fuchs suchen, oder er beobachtet einen Fuchs und setzt seinen Hund auf dessen Fährte (traditionell benutzten die Brackenjäger immer den Ausdruck „Fährte"), oder er findet eine solche im dünnen Schnee.

Das Prinzip ist immer dasselbe. Der Hund jagt auf der warmen Fährte des Wildes, jedoch nicht auf Sicht, und der Jäger sucht sich einen Stand, auf dem er die Rückkehr des Wildes erwartet. Der Laut des Hundes verrät ihm, ob sich die Jagd so wendet, wie er kalkuliert, oder ob es besser ist, den Stand zu korrigieren. Egal ob Reh, Hase oder Fuchs, das Wild ist bestrebt, seinen engeren, ihm besonders vertrauten Lebensraum nicht zu verlassen. Ein Reh bewegt sich ganz grob auf einer Fläche von 30 Hektar. Der Hase begnügt sich mit wesentlich weniger, vielleicht 5 Hektar, während der Fuchs durchaus weiter laufen kann. Im Gebirge gibt oft schon die Topografie die Fläche vor und die Örtlichkeiten, an denen mit dem Fuchs gerechnet werden kann.

Natürlich können auch zwei oder drei Jäger gemeinsam jagen, was gerade in eher schwierigem Gelände durchaus sinnvoll sein kann. Für den Hund ist es unerheblich, ob sein Führer den Fuchs erlegt oder ein anderer Jäger. Wichtig ist nur, dass er am Ende den von ihm gejagten Fuchs beuteln kann.

Im Gegensatz zum Hasen besteht beim Fuchs die Gefahr, dass ihm der Hund doch einmal zu lästig wird und er einen Bau annimmt. Besonders groß ist diese Gefahr jedoch nicht.

Muss es „Bracke“ sein?

Brackieren kann man mit jedem spurlauten, spurtreuen und ausdauernden Hund. Unter den Gebirgsbracken finden wir besonders viele, die diese Merkmale haben. Doch auch mancher Dackel leistet beim Brackieren Grandioses. Nicht zu vergessen der Wachtelhund. Bei den Vorstehhunden finden wir einen ganzen Teil, dem kein lockerer Spurlaut nachgesagt werden kann, und die meisten dieser Hunde sind – verglichen mit den Bracken – eher Kurzjager. Dennoch finden sich auch unter ihnen brauchbare Brackierer.

Erinnerung

Lange, lange her. Irgendwo nördlich des Vänern-Sees. Landschaft von der letzten Eiszeit geformt: hügeliges Land, stille Kiefernwälder, und dazwischen landwirtschaftliche Flächen mit blutrot gestrichenen Holzhäusern. In den Wäldern feuchte Senken, anmoorige Flächen und immer wieder große, abgeschliffene Granitblöcke. Wir hatten am Vormittag mit zwei Drever – das sind niederläufige, dreifarbige Bracken, die Anfang des 20. Jahrhunderts aus der Westfälischen Dachsbracke hervorgegangen sind – und dem Rauhaardackel unserer Gastgeber auf Rehe gejagt. Für den Nachmittag war ein Jäger aus der Nachbarschaft mit seinem Schiller-Stövare – Stövare sind hochläufige Bracken – angereist. Von dem Hund wurde uns berichtet, dass er Rehe ignoriere und grundsätzlich nur Hasen und Füchse vor ihm geschossen werden dürften.

Mir war einer der großen, im lockeren Föhrenwald liegenden Granitblöcke als Stand zugewiesen worden. Warum gerade dort ein Hase oder gar Fuchs vorbeikommen sollte blieb ein Geheimnis. Der mich anstellende Jäger sprach kein Deutsch, und mein Schwedisch beschränkte sich auf Stockholm, Silvia und skål … Außerdem hätte ich es mir auch bei anderen sprachlichen Konditionen verkniffen, nach der Sinnhaftigkeit des mir zugewiesenen Standes zu fragen. Immerhin war ich Gast, und niemand hätte sich die Umstände einer Einladung angetan, um den Gast wider jede jagdliche Vernunft irgendwo sinnlos im Föhrenmeer zu postieren. Heute bin ich fest überzeugt, dass sich meine Gastgeber sehr wohl etwas dabei gedacht hatten und dass mein Stand sicher kein schlechter war!

„Räv och hare“ seien angesagt, soviel verstand ich, weil es mir vorher schon Ole, mein Gastgeber, gesagt hatte. Und der drei- oder viermal wie ein Taktgeber nach rechts und links ausschlagende Zeigefinger meines Anstellers, in Verbindung mit dem Wort „deer“, unterstrich noch einmal die Bitte, nicht auf Rehe zu schießen.

So saß ich in einer jener dänischen Hafennixe abgeschauten Haltung auf dem für die Dauer zweier oder dreier Stunden kostenlos überlassenen Findling und malte in meinem Kopf Bilder. Die meisten dieser fiktiven Bilder zeigten Rehe, und zwar solche, die vor meinem Findling auf Schrote wartend stehenblieben. Irgendwann, anfangs nur ganz verschwommen, das Geläut des Stövares. Bald wieder verstummend, und ebenso bald wieder anschwellend. Einmal kam die Jagd sogar auf mich zu, und da standen – wie hingezaubert – auch eine Geiß und ihr Kitz eine halbe Schrotschussweite vor meinem Findling! Das Geläut des Hundes schien sie nicht sonderlich zu interessieren; sie taten sich sogar nieder.

Das Geläut entfernte sich wieder. Irgendwann irgendwo in dieser unglaublich stillen Landschaft ein Schuss. Der Stövare verstummte. Die beiden Rehe hatten nicht einmal aufgeworfen, saßen und kauten wieder. Mich fror. Das Licht ließ nach. Irgendwann wurden die beiden Rehe abrupt hoch und verließen mich mit wippenden Spiegeln. Kurz darauf ein langgezogenes „Hoop“. Auch schwedische Ansteller wollen nicht auf der Strecke liegen. Wir verständigten uns in Gebärdensprache. Er richtete seinen Zeigefinger auf mich, und ich wackelte mit dem Kopf. Dann von ihm nur drei Worte, die alles erklärten: „Ole räven – fox.“ Ole hatte der Stövare einen „räven“ gebracht, und sein Schuss traf. Für mich, den Ausländer, das nachgeschobene „fox“.

Damals stand unsere Übersiedlung nach Schweden zur Diskussion …

Die Verwertung des Fuchses

Totschießen und wegwerfen?

Heute landen sicher weit mehr erlegte Füchse in den Containern der Tierkörperbeseitigung als beim Gerber. Das betrifft aber nicht nur jene Füchse, deren Bälge aus den verschiedenen Gründen nicht verwertbar sind. Ein erheblicher Teil der „Container-Füchse“ wird sogar im Winter während der Zeit der Balgreife geschossen. Dafür sorgt schon die im ganzen Land und ebenso bei einigen unserer Nachbarn abgehaltene „Nacht der Füchse“ oder die „Fuchswoche“. Das ist besonders bedauerlich, weil sich daran erfahrungsgemäß besonders viele Jungjäger beteiligen, die dann das Totschießen und Wegwerfen als etwas Normales erleben. Wobei, nebenbei bemerkt: „Jungjäger“ ist eigentlich ein unbrauchbares und diskriminierendes Wort. Erstens sind Jungjäger heute eher ausnahmsweise jung, zweitens wissen Jungjäger mitunter weit mehr als honorige Altjäger, die nicht selten als Erfahrung ansehen, was sie ein Jägerleben hindurch falsch gemacht oder verbreitet haben.

Allerdings ist keineswegs von jedem Fuchs, der im Hochwinter erlegt wird, der Balg auch verwertbar. Besonders unter den Jungfüchsen sind relativ viele, deren Bälge das teure Gerben nicht lohnen. Manche Füchse sind einfach auch so zerschossen, dass ihre Entsorgung durchaus zu rechtfertigen und vernünftig ist. Warum aber wirft ein Jäger, der im November ohne rot zu werden die Hubertusmesse besucht, um dort den Schöpfer im Geschöpfe zu ehren, einen Fuchs in vollem, prächtigem Winterbalg in den Container? Man kann auch anders fragen: Warum schießt er ihn?

Immer wieder wird mangelnde Verwendung angeführt, Ehefrauen lehnten Pelze ab, weil diese im Augenblick nicht modern

Jäger mit Muff und Mütze vom Fuchs.
Selbst gedoppelt, also mit Muff und Mütze ausgestattet, ist ein Jäger relativ leicht von einem Fuchs zu unterscheiden …

seien oder weil sie die Emotionen von Tierschützern fürchten. Früher besaß fast jeder Jäger einen Muff aus Fuchsfellen. Heute wissen viele Jäger schon gar nicht mehr, was man unter einem Muff versteht. Dabei ist so ein Muff ein wirklich praktisches und angenehmes „Möbel". Ursprünglich trug man ihn auch bei den winterlichen Treibjagen. Er hielt die Hände warm, und zwei Patronen zum Nachladen hatten auch Platz und waren schneller greifbar als in der Manteltasche. Heute bekomme ich manchmal zu hören, das Tragen eines Muffes sei zu gefährlich, weil der Jäger leicht mit einem Fuchs verwechselt werde. Dem kann ich nicht folgen; früher war es üblich, auf scheinbare Füchse, aus denen unten und oben ein Mensch wuchs, nicht zu schießen. Und überdies halte ich die Kostüme, mit denen heute immer mehr Jäger auf die Jagd gehen, für viel gefährlicher. Ich meine den ganz auf Tarnung ausgelegten GI- und Taliban-Look.

Noch etwas sehe ich persönlich sehr kritisch, nämlich das öffentliche Zur-Schau-Stellen, wenn die während der „Nacht der Füchse" oder „Fuchswoche" erbeutete Strecke gelegt und unter Publikumsbeteiligung verblasen wird. Damit provoziere ich sicher bei vielen Jägern heftigen Widerspruch. Doch auch wenn viele Zuschauer das schön finden, so sind zunehmend auch Menschen dabei, die sich Gedanken machen, die unser Tun hinterfragen, gerade wenn sie sehen oder wissen, was mit den erlegten Füchsen geschieht. Wer soll das fressen, dass Tiere totgeschossen, dann voll zur Schau gestellter Ehrfurcht musikalisch „geehrt" und schließlich weggeworfen werden? In anderen Ländern wäre das undenkbar, nicht nur weil die Öffentlichkeit die Jagd kritischer sieht, sondern weil es auch für Jäger undenkbar ist, ihre Strecke zur Schau zu stellen. Nein, wir müssen und sollen uns nicht an anderen orientieren, und wir sollen auch Brauchtum nicht über Bord werfen, aber ein etwas diskreteres Auftreten wäre oft zu unseren Gunsten!

Die Fellmärkte in der Schweiz

Während österreichische und deutsche Jäger jammern, es gebe für Bälge keine Verwendung mehr, haben die Schweizer damit kaum Probleme. Während wir die auf der Jagd erbeuteten Knochen auf gesetzlich vorgeschriebenen Trophäenschauen der Öffentlichkeit präsentieren, halten die Schweizer Jäger im Spätwinter überall im Lande „Fellmärkte" oder „Pelzmärkte" ab. Auf diesen präsentieren sie die sauber hergerichteten Bälge, der im abgelaufenen Winter erlegten Marder und Füchse. Der Jäger, der ein halbes Dutzend und mehr Bälge vorweisen kann, ist stolz darauf. Dabei ist zu bedenken, dass die Bedingungen, unter denen die Jäger in den Kantonen mit Patentjagd ihre Füchse erlegen, ungleich restriktiver sind als in Österreich oder Deutschland. Luderplätze müssen gemeldet und genehmigt sein. Oft muss der Jäger weite Fußwege zurücklegen usw.

Fellmarkt in der Schweiz.

Der Zentralschweizer Pelzfellmarkt wird seit zweihundert Jahren im Kanton Luzern abgehalten. Veranstalter ist der Verein „Revierjagd Luzern" (*Anmerkung:* Die Kantone Luzern und Sankt Gallen sind die einzigen Kantone mit Revierjagdsystem in der alpinen Schweiz.)

Natürlich sind Eisen in der Schweiz seit „ewigen Zeiten" verboten. Erlaubt ist – teilweise – die Verwendung von Lebendfallen, doch ist auch deren Aufstellung in manchen Kantonen an Bedingungen geknüpft. Dass ein Jäger einen Schwanenhals stellt, noch dazu im Gebirge, wo sich eventuell der Steinadler fängt, oder in den Tälern, wo Menschen, Hauskatzen oder Hunde in Gefahr geraten, ist undenkbar und würde von der Bevölkerung wie von der Jägermehrheit nicht akzeptiert. Während Österreichs Jäger über jagende Abgeordnete einen hohen politischen Einfluss haben und so bis heute die Verwendung der Eisen – wenn auch mit Einschränkungen – durchsetzen konnten, ist die Schweiz eine Volksdemokratie. Das Volk bestimmt via Abstimmung auch darüber, was die Jäger dürfen und was nicht.

Zu diesen Fellmärkten, die teils durchaus Volksfestcharakter haben, kommen natürlich auch viele Nichtjäger und selbstver-

„Zentralschweizer Fäälimärt" – ein großes Ereignis kündigt sich in einem großen Plakat an.

Es ist dies eine uralte Veranstaltung, auf der jedes Jahr die Jäger ihre im Winter erbeuteten Felle anbieten und auch verkaufen. Wir aber haben die Bevölkerung Jahrzehnte mit Tollwut und Fuchsbandwurm verängstigt, damit sie uns draußen nicht mehr stören sollen und die Fallenjagd akzeptieren. Jetzt will keiner mehr Pelz tragen, und wir wundern uns. – – – Eh gut so, eh bequemer, das mit der Kadaverkiste. Endlich wieder ein unangenehmes Stück Handwerk weniger …

ständlich Kürschner als Ankäufer. Besucher sprechen mit den Jägern, können fragen, und sie fühlen natürlich auch „Pelz", lernen diesen als angenehm kennen. Bei uns fliegen die geschossenen Füchse – tadellose wie „blutverschmierte" – in den Container. So demonstrieren wir Umgang mit Wildtieren!

Die meisten Fellmärkte werden von Jagdvereinen organisiert und manchmal gemeinsam mit den Trophäenschauen abgehalten. Das Angebot ist oft erstaunlich. Allein die Berner Jäger, so berichtete die „Berner Zeitung" vom 10. Februar 2014, brachten damals sage und schreibe 1.100 Fuchsbälge in die Stadt, ebenso 110 Marderbälge und 90 Dachsschwarten. Richtig gelesen: Auch der Dachs kommt nicht in den Container! Erzielt wurden für die getrockneten Bälge 20 Franken das Stück. Was besonders wundert: 95 Prozent der Bälge gehen nach Osteuropa, Russland und Asien. Bei uns wird argumentiert, die Bälge hier seien nicht verkäuflich, weil osteuropäische und asiatische Bälge billig auf den heimischen Markt drängten …

Noch etwas fällt bei den Fellmärkten in der Schweiz auf: Sie finden teilweise schon im Februar statt, also in einem Monat, in dem keine Füchse mehr geschossen werden. Denn viele Bälge sind nach der Ranz nicht mehr optimal und – für den Container wollen viele Schweizer Jäger nicht schießen!

Der größte Markt findet übrigens in Thun im Kanton Bern statt. Dort bieten die Jäger, je nach Jahr, so um die 4.000 rohe Bälge an. Besonders ausgefuchste Jäger, wie der Emmentaler Fritz Aeschbacher, schießen bis zu achtzig Füchse in einem einzigen Winter!

Wie alt die Tradition der Fellmärkte ist, zeigt der „Zentralschweizer Fäälmärt", der seit gut zweihundert Jahren im Kanton Luzern stattfindet. Termin: Immer am „Zischtig" (Dienstag) vor dem „Schmutzigen Donnerstag", also dem Donnerstag vor Fasnacht.

Das alles klingt jetzt so ein wenig nach heiler Jägerwelt, doch die gibt es auch in der Schweiz nicht mehr. Initiativen zur Beschränkung und teilweise sogar zur Abschaffung der Jagd gibt es auch in der Schweiz. Der „Verein Wildtierschutz Schweiz" postet „Graubündens Schande" und meint damit den kantonalen Fellmarkt in Thuis. So ein wenig entlarven sie sich dabei selbst, wenn sie schreiben:

> Menschen tragen Kleider, Tiere tragen Pelz. Wenn die Menschen von dem Grauen wüssten, das diese Tiere erleiden, um einen haarigen Streifen Haut zu liefern, der getränkt ist in Chemikalien, um ihn vor der Verwesung zu bewahren, würde es ihnen die Kehle zuschnüren. Grölende Jäger, mit stolz gewölbter Brust, alkoholisiert und lachende Sprücheklopfer, neben den vielen toten Tieren am Fellmarkt in Thusis.

Es muss schon erlaubt sein, die Dinge zu hinterfragen. Beispielsweise, ob Jagdgegner Fleisch essen? Ein wachsender Teil wahrscheinlich nicht. Aber verzichten Jagdgegner auf das Auto, um keine Wildtiere zu gefährden? Eher weniger. Und verzichten Jagdgegner auf das Schifahren, weil dafür Lebensräume bedrohter Arten vernichtet und diese Arten lokal zum Aussterben gebracht werden? Verzichten Jagdgegner wenigstens auch auf vegetarische oder vegane Ernährung, weil dafür riesige Flächen intakter

Jäger mit Bälgen.

Mit berechtigtem Stolz tragen die Jäger ihre im Winter erbeuteten Bälge zum Fellmarkt. Auch das wird kritisiert, weil eine gelangweilte Gesellschaft offensichtlich alles kritisiert. Aber wer zehn oder zwanzig Winterbälge erntet, muss dafür sicher mehr Hirn investieren als für meist von bescheidener Sachkenntnis getragene Postings in den keineswegs sozialen Medien.

Natur vernichtet werden? Davon ist nichts bekannt. Ja – es gibt an der Jagd viel mit voller Berechtigung zu kritisieren, etwa das, was in vielen Gatterrevieren läuft, oder die „Bleischlachtung" von ausgesetzten Fasanen, Rebhühnern und Enten, und durchaus auch die keineswegs absolut sicher tötende und schon gar nicht selektive Verwendung von Totschlagfallen. Doch zu einer anständigen, tierschutzgerechten Fuchsbejagung, mit dem Ziel der Verwertung, kann auch der selbstkritische Jäger stehen.

In Vorarlberg hat vor vielen Jahren Hubert Jäger privat die Initiative ergriffen und den „Vorarlberger Fellmarkt" initiiert. Er fand mittlerweile schon an die fünfzehn Mal statt. Ein Beispiel, das Schule machen könnte?

Fuchsjagd und Politik

Anders als hierzulande nimmt in der Schweiz, unter dem Druck der Volksdemokratie, auch die Politik zu Problemen eher klar Stellung. So wurde der Bundesrat 2014 …

> … beauftragt zu prüfen, ob die Pelznachfrage in der Schweiz durch einheimische Ressourcen (z.B. aus der Jagd) gedeckt werden kann, wenn künftig auf Importe aus Zuchten mit tierschutzwidriger Haltung verzichtet wird, und welche diesbezüglichen Fördermassnahmen allenfalls zu treffen sind.

Es ging also darum, Bälgen aus heimischer Jagd einen Stellenwert zu geben und gleichzeitig die aus tierquälerischer Produktion im Ausland vom Schweizer Markt zu nehmen.

Begründet wurde der Auftrag damit, dass der weltweite Pelzumsatz innerhalb von nur zehn Jahren um 70 Prozent gestiegen sei, ebenso der Import von derartiger Ware in die Schweiz. Der Schweizer Bundesrat verurteilte daraufhin die tierquälerische Pelzproduktion und verwies auf die „Deklarationspflicht für Pelze". Seit mehr als drei Jahren werden hier Kontrollen durchgeführt. *(Quelle: www.parlament.ch)*

Der Schweizer Tierschutz steht der Jagd auf Fuchs, Marder & Co. dennoch kritisch gegenüber. Man findet zwar die Verwertung bei der Jagd gewonnener Bälge positiv, befürchtet aber:

> Der Pelz aus der Schweiz wird missbraucht, um die Pelzmode, also auch den importierten Pelz, salonfähig machen zu können.

Verlassen wir nun aber die Ideologie und wenden uns wieder etwas Handfesterem zu: dem Abbalgen des Fuchses. Das gehört nämlich zum klassischen Jäger-Handwerk und ist eine Fertigkeit, die im Grunde genommen jeder Jäger beherrschen sollte.

Das Abbalgen des Fuchses

Früher war es fast selbstverständlich, dass ein Jäger vor der Jägerprüfung schon einen Fuchs oder Marder abgebalgt oder zumindest dabei zugeschaut hatte. Heute ist es eher die Ausnahme; auch deshalb landen so viele hervorragende Bälge im Container. Wir reden so viel von unserer Tradition, aber mit den wirklich alten Bräuchen, wie etwa dem Abbalgen und Verwerten von Raubwildbälgen, haben die meisten von uns nichts mehr am Hut. An Ausreden mangelt es nicht. War es Ende des vergangenen Jahrhunderts die Tollwut, muss heute der Fuchsbandwurm herhalten. Doch davor können wir uns relativ einfach schützen: Balg nass machen, Mundschutz und Handschuhe tragen.

Von den Präparatoren allerdings, mit denen ich bisher zu tun hatte, trug noch keiner Mundschutz oder Handschuhe; dies nur nebenbei.

Doch wir dürfen nicht verschweigen, dass es heute für viele Jäger auch dann schwer ist, einen Fuchs zu streifen, wenn sie das gelernt und schon erfolgreich praktiziert haben. Es sind die Wohnverhältnisse. Früher lebten die meisten Jäger auf dem Land und – abgesehen von den Ballungszentren – wenige in der Stadt. Heute ist es umgekehrt. Und selbst jenen, die noch auf dem „Land“ leben, fehlt häufig die Möglichkeit, einen Fuchs zu streifen. Viele verfügen nicht einmal über einen Keller, geschweige denn über einen Garten. Doch selbst wenn, dann lauern und gaffen überall Nachbarn und Außenstehende, die sich über unser nicht ganz unblutiges Handwerk aufregen. Früher verfügten selbst die Bewohner trostloser Wohnblocks über einen Keller oder Dachboden. Früher rupften die meisten Frauen kommentarlos Hühner, nahmen geschossene Feldhasen oder erschlagene Stallkaninchen aus und balgten sie ab. Sie konnten noch ohne therapeutischen Beistand Fleisch zerlegen. Und so hielten sie auch problemlos den Anblick eines halbnackten Fuchses aus. Heute lernen junge Frauen die Verpackung von Geflügel und anderem Fleisch zu öffnen – mehr aber eher selten.

Wer an Fingern oder Händen offene Wunden oder Risse hat, sollte nicht abbalgen, auch nicht mit Gummihandschuhen. Ansonsten sind letztere obligat; allerdings dürfen sie nicht zu groß und vor allem nicht glatt sein, weil sich damit die Gefahr des Ausrutschens erhöht. Wer sich aber mit dem Abbalgmesser schneidet, benötig auf alle Fälle eine Schutzimpfung. Der Verfasser verwendet meist grobe, auf der Fingerinnenseite genoppte Haushaltshandschuhe, wie sie manche Frauen zum Geschirrspülen oder für schmutzige Haushaltsarbeiten verwenden.

Wegen des Fuchsbandwurmes wird gelegentlich empfohlen, beim Abbalgen einen Mundschutz zu tragen. Ich halte dies für übertrieben, empfehle es aber dem geneigten Leser dringend … Der Fuchsbandwurm ist keine Erfindung der Neuzeit. Auch sind nach allen bisher vorliegenden Erkenntnissen die Jäger keineswegs signifikant häufiger von seinen Finnen betroffen als Angehörige anderer Gesellschaftsgruppen. Der Mundschutz soll ja das Einatmen von in der Atemluft befindlichen (zuvor am Balg haftenden) Wurmeiern verhindern. Doch wer die Sache so ernst nimmt, sollte bei Wind keinesfalls mehr in den Wald, das Feld oder einen Park gehen und sich vor allem nie mehr draußen ins Gras setzen. Extrem theoretisch könnten die Eier sogar mit dem Staub durch die Lüftungsschlitze unseres Wagens gelangen – extrem theoretisch. Tatsächlich scheint es ein recht grausamer Tod zu sein, wenn die Leber langsam von den Bandwurmfinnen zerstört wird. Allerdings birgt übermäßiger Bier- und Schnapsgenuss das gleiche Risiko und ein ganz ähnliches Krankheitsbild in sich. Doch halte es jeder, wie er wolle.

Theoretisch lässt sich ein Fuchs auch im Revier abbalgen. Doch meist kommt man unmittelbar nach der Jagd nicht mehr dazu, und am nächsten Tag ist der Wildkörper steifgefroren und muss erst aufgetaut werden – auf dem Küchentisch?

Es gibt zwei Methoden, einen Fuchs zu streifen. Bei der klassischen werden Lunte, Lefzen und Gehöre ausgelöst und der komplette Balg getrocknet. Wer auf Lunte und Kopf verzichtet, muss auch die Branten nicht auslösen. Mit dieser Methode geht das Abbalgen wesentlich schneller. Allerdings kann man so minimalistisch gestreifte Bälge nur recht schwer verkaufen, und auch manche Gerber wollen sie nicht annehmen. Letzteres gilt auch für gesalzene Bälge. Wir sollten uns folglich schon vor dem ersten Schuss Gedanken über die Verwertung erbeuteter Bälge machen und uns nach einem Gerber umschauen.

Das Werkzeug und das Abbalgen – Schritt für Schritt

Alle groben Klingen sind ungeeignet. Bestens bewährt haben sich hingegen jene kleinen Messerchen mit auswechsel- und nachschiebbaren Klingen, wie sie zum Tapezieren oder Verlegen von Teppichböden verwendet werden. Sie sind unglaublich scharf, und die Klingen sind in leicht abbrechbare Sektionen eingeteilt. Sobald sie nicht mehr scharf genug sind, bricht man einfach das vorderste Stück ab.

Das Werkzeug: Messerchen, Seitenschneider, Rohrzange.

Zum Durchtrennen der Zehenglieder wird ein Seitenschneider verwendet. Die Luntenwurzel lässt sich am besten mit Hilfe einer Rohrzange oder mit zwei in der Mitte ausgekerbten Hölzern aus dem Balg ziehen. Zum Fixieren des Balges auf dem Spannbrett dienen einige Flachkopfnägel und ein leichter Hammer. Etliches saugfähiges Zeitungspapier ist noch zweckmäßig, mit dem sich die Innenseiten der Branten, Läufe und Lunte auskleben lassen, um ein Einrollen der Ränder zu verhindern.

Den Fuchs zunächst auf einen Arbeitstisch/Werkbank legen. Klinge des Tapeziermesserchens nur ganz kurz hervorschauen lassen und arretieren; dann mit je einem Längsschnitt alle vier Branten öffnen.

Nun die Schnitte von den Vorderbranten bis in die Achselhöhlen verlängern und von den Hinterbranten bis zum Weidloch. Schnitte immer sauber auf der Laufinnenseite führen. Die Läufe unter sparsamem Einsatz der Klinge herausschälen.

Zehen bis über das jeweils letzte Glied freilegen und die Knochen mit dem Seitenschneider abzwicken.

Jetzt kann man den Fuchs an den beiden freigelegten Hinterläufen aufhängen und so bequem weiterarbeiten. Man kann aber den nächsten Arbeitsschritt, das Freilegen der Lunte, auch noch am auf dem Tisch liegenden Fuchs durchführen *(wie auf den Fotos auf der rechten Seite gezeigt)*. – Als erstes die Luntenwurzel unter vorsichtigem Einsatz der Klinge freilegen, dann den Balg auf der Luntenunterseite ein kleines Stück auftrennen und umstülpen.

Die Lunte zunächst walken, damit sich der Balg von der Haut löst, dann mit einer Hand die Wurzel festhalten und mit der anderen den Balg abziehen. Lässt man dabei die Wurzel durch die Öffnung der Wasserpumpenzange laufen, hat man mehr Halt und Kraft beim Ziehen.

Ist die Luntenwurzel herausgezogen, muss der Luntenbalg exakt auf der Unterseite bis zur Spitze aufgeschärft werden. Nun lässt sich der Fuchsbalg ohne große Mühe und weitgehend ohne Einsatz der Klinge bis über den Kopf nach unten streifen.

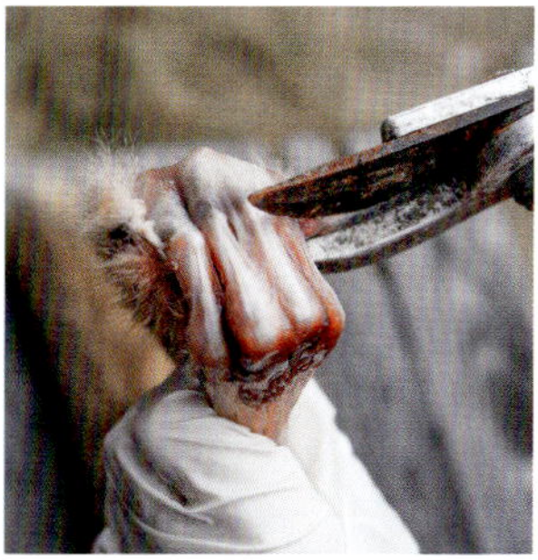

Den Fuchs zunächst auf einen Arbeitstisch legen. Nach dem Öffnen der Branten werden die Grundschnitte an den Innenseiten der Läufe durchgeführt und die Läufe freigelegt. Sodann die bis über das jeweils letzte Glied freigelegten Zehenknochen mit dem Seitenschneider abzwicken.

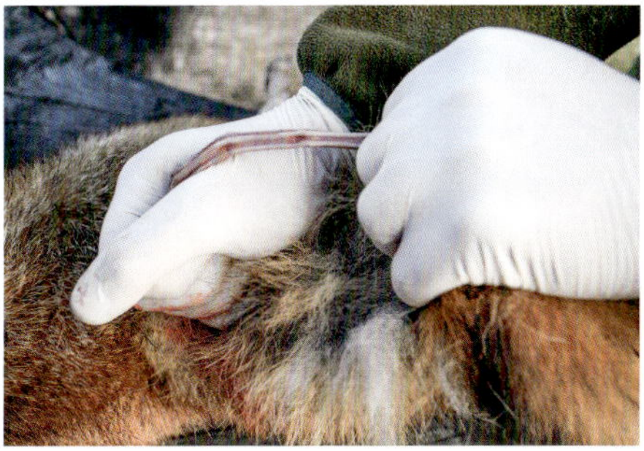

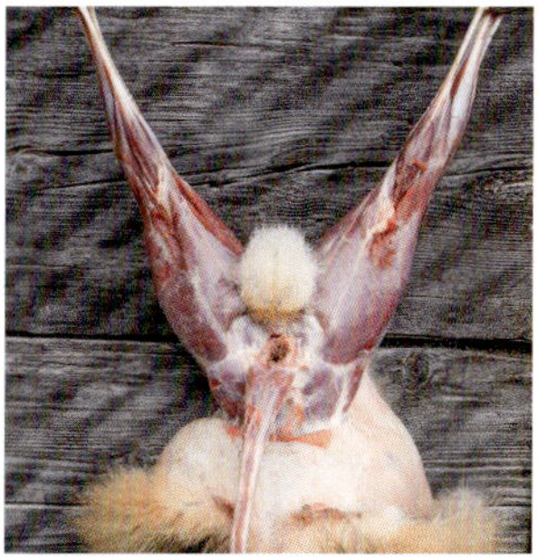

Ein bisschen heikel: die Arbeit an der Lunte. Zunächst wird die Luntenwurzel ein Stück freigelegt. Nachdem man die Lunte ein wenig gewalkt hat, die Wurzel mit einer Hand festhalten und mit der anderen den Balg abziehen.

Hinterläufe und Lunte sind frei. Nun kann man den Fuchs an den Hinterläufen aufhängen, und der Balg lässt sich ohne große Mühe und weitgehend ohne Einsatz des Messers nach unten streifen – bis über den Kopf. Dann geht es ans Freilegen der Kopfpartie.

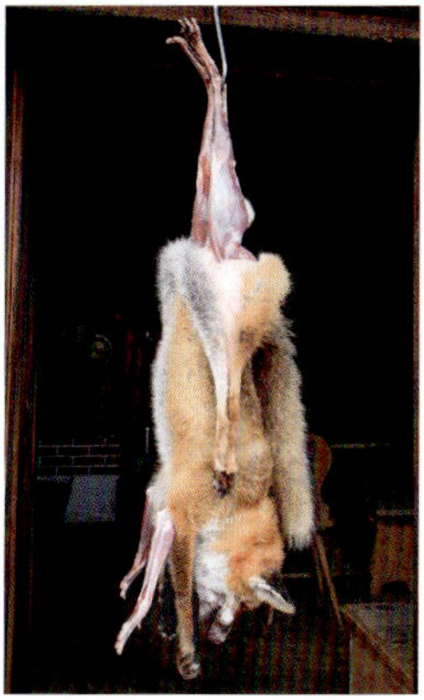

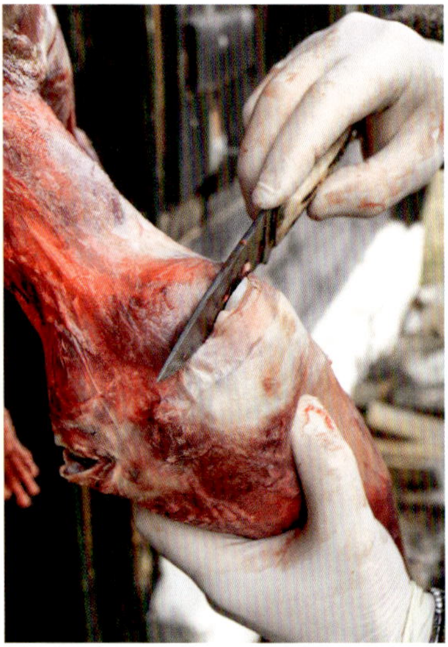

Die Gehörknorpel werden am Kopf durchtrennt, dann kommen Lichter, Nasenschwamm und Lefzen dran. – Nun geht's ans Trocknen. Der Balg kommt auf ein Brett. Zeitungspapier verhindert das Einrollen von Läufen, Lunte und Rändern.

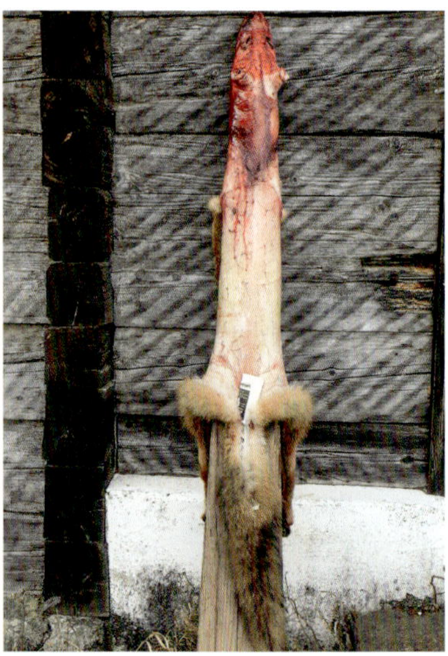

Nasenschwamm und Hinterläufe werden am Brett fixiert. Dabei kommt es aber nicht drauf an, den Balg zu spannen. – Wenn sich das Leder zäh anfühlt, nach spätestens drei, vier Tagen, nimmt man den Balg vom Brett und wendet ihn.

Die Gehörknorpel werden dicht am Kopf durchtrennt. Um Fäulnis zu verhindern, müssen sie später sorgfältig ausgeschält werden.

Den Balg rund um die Lichter lösen, anspannen und vorsichtig durchtrennen; die Lider müssen am Balg bleiben. Den Nasenschwamm ganz kurz abschärfen und zuletzt die Lefzen mit dem Messerchen aufspalten.

Nun gibt es drei Möglichkeiten, den Balg bis zur Abgabe an den Gerber oder einen Käufer aufzubewahren. Die traditionelle Methode ist zweifelsfrei das Aufspannen und Trocknen. Sie ist aber auch die aufwändigste und für Jäger, die in der Stadt leben, eher unpraktikabel, weil sie oft keinen geeigneten Platz zum Aufstellen der Spannbretter und zum Trocknen der Bälge haben. Dennoch wollen wir der Tradition folgen und mit dieser Methode beginnen.

Zum Trocknen wird der Balg mit der Hautseite nach außen auf ein möglichst in seiner Breite verstellbares Brett gezogen. Schweißunterlaufene Stellen, die Innenseite der Läufe, Ränder und die Lunte – also alle Teile, die sich einrollen können und wo dann Fleischseite auf Fleischseite kommt (was Fäulnis verursacht) – werden mit Streifen aus Zeitungspapier oder mit dünnen Holzspänen ausgeklebt oder mit Sägemehl bestreut. Der Nasenschwamm wird mit einem Stift fixiert, ebenso die Hinterläufe. Dabei kommt es nicht darauf an, den Balg zu spannen. Egal ob wir ihn spannen oder schrumpfen lassen, er bekommt beim Gerben wieder seine ursprüngliche Größe.

Grundsätzlich wird das Brett mit dem Balg nicht neben einem Heizkörper oder in unmittelbarer Ofennähe aufgestellt. Der Heizraum im Keller ist bei offenem Fenster jedoch durchaus geeignet. Es geht beim Trocknungsprozess darum, die Feuchtigkeit im Balg auf unter 30 Prozent zu senken. Wichtig ist, den Balg spätestens nach drei bis vier Tagen – ehe er steif wird – vom Brett zu nehmen und zu wenden. Mit der Haarseite nach außen wird er danach zum endgültigen Trocknen neuerlich übers Brett gezogen. Ist er völlig trocken, zieht man eine Schnur durch die Augenhöhlen und klopft ihn mit etwas Gefühl mit einer dünnen Rute, damit Staub und andere Schmutzpartikel ausfallen. In diesem Zustand kann er bis zum Verkauf oder bis zum Verbringen zum Gerber aufgehängt werden.

Jäger, die in fremden Revieren, etwa bei einer Drückjagd im Ausland, einen Fuchs schießen und dessen Balg daheim verwerten wollen, streichen diesen auf der Hautseite dick mit Salz ein. Dieses soll zumindest 30 Prozent des Balggewichtes betragen. In diesem Zustand wird der Balg, unmittelbar ehe man sich auf den Heimweg macht, zusammengerollt. Aber Vorsicht! In einem Kunststoffbeutel sollte der gesalzene Balg nie länger als ein paar Stunden transportiert oder aufbewahrt werden. Besser ist es, ihn dick in Zeitungspapier einzuschlagen und so in eine Papiertragetasche oder einen ähnlichen Behälter zu geben. Daheim den Balg aber unverzüglich wieder aus dem Beutel nehmen oder gleich beim Gerber abliefern. Natürlich kann das Salzen auch daheim an die Stelle des Spannbrettes treten. Dann wird der gesalzene Balg langgestreckt auf eine leicht schräge Unterlage gelegt, denn das Salz ist hygroskopisch, und das Wasser muss ablaufen können. In diesem Zustand lassen sich Bälge bis zu drei Monate lagern. Diese Methode stößt an ihre Grenzen, wenn sich auf dem Balg noch dicke Feistschichten befinden, weil diese vom Salz nicht durchdrungen werden. Also vorher mit dem Messer sauber das Feist ablösen!

Heute wählen viele Jäger einen anderen Weg der vorübergehenden Balgkonservierung – das Frosten. Dazu wird der Balg gerollt oder gefaltet in einen Kunststoffbeutel in die Gefriertruhe getan. Dort ist er bei minus 18-19 Grad gut ein halbes Jahr lagerfähig. Jagdkritische Ehefrauen der TV- und Billigfleischgeneration werden Ekelgefühle anmelden. Passionierte Fuchsjäger und Hundeführer fahren daher gerne zweigleisig – sie schaffen sich eine zweite an – Gefriertruhe selbstverständlich!

Grundsätzlich sollten die getrockneten Bälge alsbald, zumindest vor Beginn der wärmeren Jahreszeit, zum Gerber gebracht werden.

Bälgen, die vom Gerber zurückkommen und die nicht gleich verkauft oder einem Kürschner geliefert werden, zieht man eine Schnur durch die Lichter und hängt sie unter Beigabe von Mottenkugeln in einem Foliensack auf.

Decken, Jacken und anderes

Viele Jäger haben kaum konkrete Vorstellungen, wie viele – gute und zueinander passende – Bälge für eine Jacke oder für einen Mantel benötigt werden und liegen mit ihren Schätzungen meist

Fuchsjacke.
Für eine kurze Fuchsjacke benötigt man mindestens 7 bis 9 Bälge. Diese von Kürschner-Meisterhand gefertigte Jacke war beim Red Fox Austria Award 2015 zu sehen.

etwas zu tief. Sobald mehrere Bälge zu einem Kleidungsstück oder einer Decke verarbeitet werden sollen, müssen sie farblich zusammenpassen. Sind 8 Bälge notwendig, ist es gut, wenigstens 10 bereit zu halten. Martin Trenkwalder veröffentlichte im „Weidwerk“ eine Übersicht, die den Bedarf an Bälgen für bestimmte Endprodukte angibt. Sie zeigt auch die vielfältigen Verwendungsmöglichkeiten. Sie soll hier wiedergegeben werden.

Verwertungsbeispiele

1 Fuchsbalg: Muff klein, Kragen klein, Mütze, Kapuzenverbrämung, 6 bis 8 Bommeln für Strickmützen.

2 Fuchsbälge: Muff groß, Kragen groß, Zierkissen, Stola, großer Schal.

4 bis 8 Fuchsbälge werden für eine Weste benötigt.

7 bis 9 Fuchsbälge werden für eine kurze Jacke benötigt.

Lunte, Branten usw.: Die Lunte eignet sich zum Beispiel mit einem kleinen Karabiner als Accessoire außen an Handtaschen; die Branten können für Kleinteile ebenfalls verwertet werden; wichtig ist bei den Bälgen jedoch, dass sie farblich zusammenpassen.

Die Fangzähne als Schmuck

Wenn versucht wird, die Fangzähne des Fuchses mit einer Zange zu ziehen, entstehen leicht Kratzer. Es gibt zwei Möglichkeiten, sie unbeschädigt auszulösen. Man kann sie mazerieren, das heißt ausfaulen lassen. Dazu wird der grob entfleischte Schädel erst einmal ordentlich gewässert. Anschließend geben wir ihn in eine luftdicht verschlossene Plastiktüte. Es bildet sich Fäulnis, und die Zähne werden locker. Ihr Zustand lässt sich leicht überprüfen, indem wir sie – ohne die Tüte zu öffnen – anfassen. Geöffnet wird die Tüte erst, wenn erkennbar ist, dass die Zähne sich ohne Werkzeug ziehen lassen. Wir sollten das jedoch nicht in einem

Wohnraum tun, da die Sache schlicht „stinkt“! Am besten auch gleich einen Eimer mit Wasser parat stellen, in welchen wir den Schädel des Gestanks wegen zuerst geben.

Wir können aber auch den kompletten Schädel nach dem Wässern in klarem, kaltem Wasser langsam abkochen. Das heißt, das Wasser darf den Siedepunkt gar nicht erreichen, eher so um die 60 Grad. Dabei gibt man zur Fettlösung etwas Spülmittel ins Wasser. Werden die Fangzähne zu heiß „gebadet“, können sie auch nach längerer Zeit noch springen. Doch ist diese Gefahr nie völlig auszuschließen. Nach ausreichend langem Erhitzen können die Zähne mühelos gezogen werden. Die Wurzel ist mit einer Knochenhaut überzogen, die wir am einfachsten mit einer alten Zahnbürste entfernen. Manche Jäger bleichen die Zähne anschließend mit Wasserstoffperoxyd. Unbedingt notwendig ist das nicht.

Wer nicht den kompletten Schädel abkochen will, muss vorher Ober- und Unterkiefer absägen. Letztlich kann man aber auch die Kieferntteile in ein Gefäß mit kaltem Wasser geben und dieses irgendwo aufstellen, wo die Geruchsbildung nicht stört, die aber dadurch reduziert werden kann, dass wir das Wasser öfter wechseln. Auch so faulen die Zähne schonend aus.

Fuchshaken. „Edelweiß“ aus den Fangzähnen mehrerer Füchse, in Silber gefasst.

Status und Strecke des Fuchses in EU-Ländern (I)

Land	Jagd-/Schonzeit	Strecke ca.
Belgien	je nach Region von totalem Jagdverbot über Jagd- und Schonzeit bis ganzjährig bejagbar	
Bulgarien	Jagdzeit ganzjährig	
Dänemark	Jagdzeit 1.9.-31.12.	45.000
Deutschland (Bundesgesetz)	Jagdzeit ganzjährig (aber Sonderregelung für Mutter-/Elterntiere), außer:	380.000
Baden-Württemberg	*Jagdzeit 1.8.-28.2.*	
Berlin	*Jagdzeit 1.11.-31.1. (Altfüchse) 1.5.-31.1. (Jungfüchse)*	
Hessen	*Jagdzeit 15.8.-28.2.*	
Niedersachsen	*Jagdzeit 16.6.-28.2. (Altfüchse) Jungfüchse ganzjährig*	
Nordrhein-Westfalen	*Jagdzeit 16.7.-28.2. (Altfüchse) Jungfüchse ganzjährig*	
Rheinland-Pfalz	*Jagdzeit 1.8.-28.2. (Altfüchse) Jungfüchse ganzjährig*	
Saarland	*Jagdzeit 1.7.-28.2.*	
Schleswig-Holstein	*Jagdzeit 1.7.-28.2. (Altfüchse) Jungfüchse ganzjährig*	
Estland	Jagdzeit ganzjährig / Fähe mit Welpen: Schonzeit 1.5.-31.7.	
Finnland	Jagdzeit ganzjährig / Fähe mit Welpen aber nur: 1.8.-30.4.	257.000
Frankreich	Jagdzeit ganzjährig	
Elsass	*Schonzeit 1.2.-16.4.*	
Großbritannien	Jagdzeit ganzjährig	
Irland	Jagdzeit ganzjährig	
Italien	Jagdzeit vom 3. Sonntag im September bis 31.1.	1.800 (nur Südtirol)

Stand: September 2017 / Informationen soweit verfügbar

Status und Strecke des Fuchses in EU-Ländern (II)

Land	Jagd-/Schonzeit	Strecke ca.
Kroatien	Jagdzeit ganzjährig, ausgenommen trächtige bzw. führende Fähen	
Lettland	Jagdzeit ganzjährig	
Litauen	Jagdzeit ganzjährig	
Luxemburg	seit 2015 geschützt	
Niederlande	nicht jagdbar	
Österreich	Jagdzeit ganzjährig (aber Sonderregelung für Mutter-/Elterntiere) außer:	64.000
Salzburg	*Jagdzeit 16.5.-31.3.*	
Vorarlberg	*Jagdzeit 1.7.-28.2.*	
Wien	*Fähen nur vom 1.6. bis 28.2.*	
Polen	Jagdzeit 1.10.-28.2.	
Rumänien	Jagdzeit 15.9.-31.3.	
Schweden		73.000
Nordschweden	Jagdzeit 1.8.-15.4.	
Mittelschweden	Jagdzeit 1.8.-31.3.	
Südschweden	Jagdzeit 1.8.-15.3. (bzw. 28.2.)	
Schweiz	Jagdzeit 16.6.-28.2. zusätzliche Einschränkungen durch Kantone, z.B. Graubünden 1.11.-29.2.	24.000
Slowakei	Jagdzeit ganzjährig	
Slowenien	Jagdzeit 1.7.-15.3.	10.000
Spanien	Jagdzeit ganzjährig	
Tschechien	Jagdzeit ganzjährig	
Ungarn	Jagdzeit ganzjährig	

Fuchs mit Rehkitz.

„So, jetzt habe ich mich über euch Jäger genug geärgert, jetzt dürft ihr euch einmal über mich ärgern …“

Literatur

AGES – ÖSTERREICHISCHE AGENTUR FÜR GESUNDHEIT UND ERNÄHRUNGSSICHERHEIT; 2014: Tollwut, AGES, Wien.

BECHSTEIN, JOHANN MATTHÄUS; 1820: Die Forst- und Jagdwissenschaft nach allen ihren Theilen für angehende und ausübende Forstmänner und Jäger, Hennigsche Buchhandlung, Gotha.

DÖBEL, HEINRICH WILHELM; 1746: Jäger-Practica, Reprint bei Neumann-Neudamm.

ENGEL, PETER; 1990: Lock- und Reizjagd auf den Fuchs, Arbeitskreis Wildbiologie an der Justus-Liebig-Universität, Gießen.

FRANKENBERG UND LUDWIGSDORF, JOSEF; 1920: Der Fuchs, seine Jagd und der Fang, Verlag Neumann-Neudamm, Neudamm.

FRIEß, RUDOLF; 1961: Bodenjagd, Bayerischer Landwirtschaftsverlag, München.

HAIDER, MAX; 1889: Herrn Petermanns Jagdbuch, Reprint 1981, Topos Verlag, Vaduz.

HARTIG, GEORG LUDWIG; 1810: Lehrbuch für Jäger und die es werden wollen, Neumann-Neudamm.

HESPELER, BRUNO; 1985: Die Baujagd, Verlag Hoffmann, Mainz.

DERS.; 1993: Alles fest im Griff, Niedersächsischer Jäger 4/93.

DERS.; 1999: Raubwild heute, BLV Verlagsgesellschaft, München.

DERS.; 2004: Fuchs und Marder, BLV Verlagsgesellschaft, München.

DERS.; 2007: Leitlinie Jagd im urbanen Raum von Berlin, Auftragsarbeit für die Berliner Forsten.

HIRK, SONJA, u.a.; 2014: Tollwut, Bundesministerium für Gesundheit, Wien.

LABHARDT, FELIX; 1990: Der Rotfuchs, Verlag Paul Parey, Hamburg.

MACDONALD, DAVID; 1993: Unter Füchsen, Knesebeck, München.

MÜLLER-USING, DETLEV; 1954: Diezels Niederjagd, Paul Parey, Hamburg.

SCHMOOK, ALEXANDER; 1937: Der Fuchs – Wie er lebt, jagt und gejagt wird, Otto Schlegel Verlag, Berlin.

SILVA-TAROUCA, E. GRAF.; 1928: Glückliche Tage , 2. Auflage, Paul Parey, Hamburg.STEMMLER, CARL; 1955: Der Steinadler in den Schweizer Alpen, Verlagsdruckerei Holzinger, Stuttgart.

STUBBE, MICHAEL; 1988: Fuchs, in: Buch der Hege – Haarwild, Deutscher Landwirtschaftsverlag, Berlin.

TRENKWALDER, MARTIN; 2015: Im Fuchsrevier, Weidwerk 4/2015, S. 51-53.

WEBER, DARIUS; 1985: Zur Baubenutzung und ihre Funktion beim Fuchs, Zeitschrift für Säugetierkunde 50, S. 356-368.

DERS.; 1990: Aspekte der Nutzung von Unterschlüpfen beim Fuchs, Arbeitskreis Wildbiologie an der Justus-Liebig-Universität, Gießen.

WETZEL, RUDOLF, und RIECK, Walter; 1971: Krankheiten des Wildes, Feststellung, Verhütung und Bekämpfung, Verlag Paul Parey, Hamburg.

WÜRTZ, HANS; 1920: Füchse – Geschichten von Reinecke Fuchs, Verlag Werner Kube, Berlin.

Sonstige Quellen:

BÜHLER, GERHARD; 2015: umfassende Auskunft zur Beizjagd mit dem Steinadler auf den Fuchs.

HEIL, FRANK; 2016: Fuchsjagd-Erfahrungen, noch unveröffentlichtes Manuskript.